国家“双高计划”电子信息工程技术专业群建设成果
“十四五”高等职业教育电子与信息类系列新形态教材
“5Y Study”数智化教考平台配套规划教材——教学·练习·考试

# Python 程序设计与应用

房晓东　周洁文　祝衍军◎主　编
韩　倩　简治平　张劲勇　杨泳琳◎副主编

中国铁道出版社有限公司
CHINA RAILWAY PUBLISHING HOUSE CO., LTD.

## 内容简介

“Python 程序设计”是高校本专科的一门理论性和实践性都很强的课程。本书针对高等职业院校“Python 程序设计”课程教学目标，结合全国高等学校计算机水平考试大纲内容，以培养学生编程能力为目的，以项目为载体，以任务驱动的方式讲解 Python 程序设计的基本知识和技能。全书精心挑选和设计了 8 个项目 32 个典型任务，共 36 个活动，充分体现了“做中学，学中做”的思想。

本书是国家“双高计划”电子信息工程技术专业群建设成果，内容编排合理，通俗易懂，深入浅出，突出实用性，并提供了微课视频、教学 PPT、程序源码、教案、习题等资源，在“5Y 学习平台”建设有数字化课程资源，适合作为高等职业院校各专业学习 Python 课程的教材，也可作为编程人员及自学者的辅助教材或自学参考书，还可作为备考全国高等学校计算机水平考试二级科目“Pyhton 程序设计”的参考书。

**图书在版编目（CIP）数据**

Python 程序设计与应用 / 房晓东，周洁文，祝衍军主编. -- 北京 : 中国铁道出版社有限公司，2024. 8.
（“十四五”高等职业教育电子与信息类系列新形态教材）.
ISBN 978-7-113-31340-1

Ⅰ. TP311.561

中国国家版本馆 CIP 数据核字第 20244B5L69 号

书　　名：Python 程序设计与应用
作　　者：房晓东　周洁文　祝衍军

策　　划：唐　旭　刘丽丽　　　　编辑部电话：（010）51873202
责任编辑：刘丽丽
封面设计：刘　颖
责任校对：苗　丹
责任印制：樊启鹏

出版发行：中国铁道出版社有限公司（100054，北京市西城区右安门西街 8 号）
网　　址：https://www.tdpress.com/51eds/
印　　刷：北京联兴盛业印刷股份有限公司
版　　次：2024 年 8 月第 1 版　2024 年 8 月第 1 次印刷
开　　本：850 mm×1 168 mm 1/16　印张：13.75　字数：343 千
书　　号：ISBN 978-7-113-31340-1
定　　价：59.80 元

# 前 言

教材乃教学之本，是教学活动的基础和保障。曾任中国教育学会会长的顾明远先生在其主编的《教育大辞典》中对教材的定义是，“教材是教师和学生据以进行教学活动的材料，教学的主要媒体”。教材的地位和作用不仅反映了教师的教学水平和教学质量，也体现在学生的学习过程中。然而，传统的教材是较为典型的“教师教的材料”，主要服务于教师教学，作为教学活动中另一重要主体——学生只是被动使用，因此存在学生对教材参与感不强、认同感不足等现象。

为此，我们针对高等职业院校教学目标和现状，编写了基于“师生双主体”的《Python 程序设计与应用》融媒体新形态教材。本书同时是国家“双高计划”电子信息工程技术专业群建设成果。教材借助“互联网 +”时代的云计算和大数据技术，通过采集教学交互、学习行为、学习评价以及教学反馈等数据进行学情分析，全方位地服务于教师教学和学生学习，打造全新的学习体验，充分发挥教材的载体作用。在编写教材的过程中，编者也在不断探索与推动职业教育的教法改革。

本书是基于融媒体开发的新形态教材，主要具有以下突出特色：

### 一、将“课前→课中→课后”渗透教材全过程，明确了教学任务和学习任务

传统的教材是按照知识体系或工作流程等进行设计的，没有按照“课前→课中→课后”进行划分。

本书对教材整体框架进行了“课前→课中→课后”一体化设计，厘清了师生在各阶段教与学的任务，增大了教学容量，提高了课堂效率。

### 二、能灵活调用数字化资源，促进互动学习

传统教材中的信息显示形式单调、呆板，学生的参与感不强，不利于激发学生的学习主动性。

本书依托“互联网 +”的在线阅读、线上咨询、留言点赞、网络问卷、二维码扫描等技术，让学生能通过相应平台技术即时获得交互操作结果，灵活调用数字化资源，并给出教材使用的信息反馈，实现以数据驱动教学变革，帮助师生打造开放、共享的教学环境，实施交互式的学习模式。

### 三、提供了面向教师和学生的数据反馈，能为教师教学提供指导，为学生学习提供建议

传统的教材虽然也提供了习题等设计，但教材是静态的，信息传递的形式是单

向的，教师和学生缺乏有效和及时的信息反馈。

学生通过扫描本教材上的二维码就可进行在线测试并获得即时评价，依据测试反馈结果进行有针对性的学习。教师也能通过查阅学生的学习进度、学习效果等获得教学信息反馈，并可根据反馈信息对学生的学习习惯进行分析，对学生的学习行为进行有效的督促，对学生的学习效果进行评估，据此调整课堂教学内容及策略，向学生提供学习建议等，从而实现以学生为中心的备课、以学生为中心的教学。

## 四、设计五维职业能力评价、反思和改进，以评促教，以改促学

教学与评价不可分离，教学评价是衡量课堂教学成败的重要标尺，具有“促进学生发展、教师提高和改进教学实践的功能”。“会教”往往只关注对学生的输入，而“会评”则要关注对学生的输出，且反过来又能改变输入的质量。评价不是教与学的终点，反思和改进环节不能缺少，“教—学—做—评—诊—改”应是一个不断迭代、螺旋上升、提升教与学质量的过程。

在基于融媒体开发本书的过程中，编者除了重视“教—学—做”的设计，也非常重视任务的评价、诊断与改进设计，为此在每个任务结束后都设计了包括“自我管理能力”等在内的五维职业能力评价以及反思和改进，实现以评促教，以改促学。

## 五、配套课程资源与实训平台——5Y 学习平台

本书配套的数字化课程资源已同步在“5Y 学习平台”发布。学习者可通过平台实现学习、实训练习、自动测评等操作。详情请看封二。

本书由东莞职业技术学院房晓东、茂名职业技术学院周洁文和东莞职业技术学院祝衍军任主编，由茂名职业技术学院韩倩、茂名职业技术学院简治平、茂名职业技术学院张劲勇和广东高等学校教学考试管理中心杨泳琳任副主编。全书共分为八个项目，其中项目 1 由周洁文编写；项目 2、项目 3 由韩倩、杨泳琳编写；项目 4、项目 5 由简治平、房晓东编写；项目 6 由张劲勇、祝衍军编写；项目 7、项目 8 由房晓东编写。全书由房晓东统稿和定稿。在编写过程中，编者查阅了大量的参考资料并与比派科技有限公司等企业专家多次进行专题交流研讨，衷心希望通过融媒体新形态教材的开发，能形成更加丰富、生动和系统的学习活动设计，有效带动师生教与学方式的转变，实现教与学效益和效率的提高。

本书虽经编写人员多次讨论、修改，但由于编者水平有限，书中难免会存在疏漏和不妥之处，衷心希望各位读者给予批评指正。

编　者

2024 年 7 月

# 目　录

知识点索引

二维码资源索引

小模块设置索引

教师获取教材配套资源

教学大纲　教案　教学PPT　任务评价表　源代码　习题

# 项目1
# 搭建 Python 开发环境

## 项目综述

项目导读

### 项目导读

“Python 程序设计”课程是一门实践性、操作性很强的课程。本学期，东华职业技术学院（虚拟院校）积极探求课程改革，大力探索和推进现代学徒制。“Python 程序设计”课程与华信智能技术有限公司（虚拟公司）进行合作，从双元培养的人才需求和岗位需求出发，引入工作项目，由企业和学校共同培养学生，学生同时也是企业的员工。希望通过实践教学活动，让学生所学知识能够融会贯通，能够拉近专业学习与市场、专业学习与行业的距离，使学生在掌握 Python 开发基础知识的基础上，具备独立开发 Python 简单项目的能力和团队合作意识，从而更加有利于学生从业时的角色转换与未来发展。

同学们对这种学习方式既期待又忐忑，他们从未有过工作经验，能否顺利完成工作任务呢？为了帮助同学们尽快适应基于工作任务的教学模式，熟悉工作环境，了解工作职责，投入工作角色，提高工作效率，负责此次课程项目的华信智能技术有限公司技术部的王经理告诉同学们“工欲善其事，必先利其器”。在编写 Python 程序之前，需要先了解 Python 语言并搭建 Python 开发环境。在王经理的带领下，同学们通过课前学习了解了 Python 语言的发展过程、特点及应用领域，通过任务实践搭建并熟悉了 Python 开发环境，掌握了程序开发的流程。

### 项目目标

| 知识目标 | 能力目标 | 素质目标 |
| --- | --- | --- |
| ◎了解 Python 语言的发展历程、特点及应用领域；<br>◎了解程序开发流程及编写方法；<br>◎了解什么是模块、为什么使用模块、模块的分类、并掌握模块的导入方法 | ◎能熟练搭建 Python 开发环境；<br>◎能使用 math 模块，通过输入输出函数进行数据的输入、计算和格式化输出，解决常见的数学问题 | ◎引导学生做好职业规划；<br>◎培养学生分析问题、解决实际问题的能力；<br>◎培养学生科学严谨的态度；<br>◎培养学生的协作精神和探索精神 |

## 项目导图

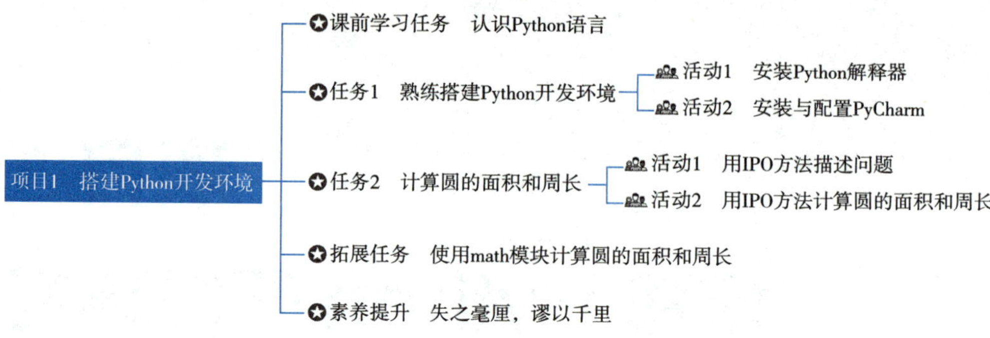


# 课前学习任务

扫一扫侧边二维码观看课前学习视频，并完成下面的题目。

认识Python语言

**视频内容：**

① Python 语言的发展历程。

② Python 语言的特点。

③ Python 语言的应用领域。

请使用微信“扫一扫”扫码答题

### 1. 单选题

① 下列选项中，不属于 Python 特点的是（　　）。

A. 简单易学　　B. 免费开源

C. 面向对象　　D. 编译型语言

② 下面选项中，不是 Python 语言主要应用领域的是（　　）。

A. 大数据　　B. 人工智能

C. 网络爬虫　　D. 嵌入式开发

③ Python 语言是一种（　　）。

A. 高级编程语言　　B. 低级编程语言

C. 机器语言　　D. 自然语言

④ 关于 Python，以下几种说法中，不正确的是（　　）。

A. Python 是一种高级程序设计语言

B. Python 属于汇编语言，或者说属于低级语言

C. Python 是一种代表简单主义思想的语言，具有简单、免费、开源和可移植等特点

D. Python 是一种面向对象的、解释性计算机语言

⑤ Python 是伴随着（　　）技术的发展而产生并普及的。

A. 互联网　　B. 人工智能

C. 物联网　　D. 生物技术

⑥ 下列选项中，不属于 Python 优势的是（　　）。

A. 语法简洁，程序开发速度快

B. 入门简单，功能强大

C. 程序的运行速度在所有计算机语言中是最快的

D. 开源免费，可以自由阅读源代码并进行改动

### 2. 多选题

① Python 语言的优点是（　　）。

A. 语言简洁　　B. 可移植性好

C. 扩展性好　　D. 具有良好的中文支持

② Python 是一门优秀的综合语言，其宗旨是简明、优雅、强大，可以用在（　　）领域。

A. 人工智能、云计算　　B. 金融分析、大数据开发

C. Web 开发、自动化运维　　D. 测试等方向

### 3. 判断题

① Python 是一种跨平台、开源、免费的高级动态编程语言。（　　）

② Python 既支持面向对象编程，又支持面向过程编程。（　　）

③ 在 Windows 平台上编写的 Python 程序无法在 UNIX 平台上运行。（　　）

④ Python 3.X 完全兼容 Python 2.X。（　　）

⑤ 可以在同一台机器上同时安装 Python 2.7 版本与 Python 3.6 版本。（　　）

# 任务 1　熟练搭建 Python 开发环境

## 任务综述

### 任务描述

学生小张和他的团队在王经理的指导下，认为在项目开始实施之前，搭建 Python 开发环境等准备工作非常重要，因此决定先搭建和配置 Python 开发环境。

### 任务分析

王经理告诉小张和他的团队，要运行 Python 代码需要安装 Python 解释器，而要方便、高效地编写 Python 代码还可以安装 Python 的集成开发环境。Python 的集成开发环境有很多，比较常用的有 IDLE、Anaconda、PyCharm、Eclipse、VS Code 等。其中 IDLE 集成开发环境在安装好 Python 解释器后就自动安装好了，但其功能有限，存在无自动补全代码功能、代码编写效率低、响应速度慢、界面不友好等缺点。小张和他的团队在对各开发环境进行了充分的了解、分析和讨论后，决定安装 PyCharm 集成开发环境。

常用的Python集成开发环境

PDF 文档内容：

① IDLE。
② Anaconda。
③ PyCharm。
④ Eclipse。
⑤ VS Code。

### 任务目标与重难点

| 任务目标 | 安装 Python 解释器，安装与配置 PyCharm 集成开发环境 |
|---|---|
| 任务重点和难点 | 安装 Python 解释器，安装 PyCharm 集成开发环境（重点） |
| | 配置 PyCharm 集成开发环境（难点） |

安装Python解释器

视频内容：

① Python 解释器。

② 安装 Python 解释器。

③ 打开和退出 Python 开发环境。

## 活动 1　安装 Python 解释器

### 活动准备

#### 1. Python 解释器

Python 是一种面向对象的解释型程序设计语言。Python 程序的执行需要借助 Python 解释器完成。Python 解释器的作用就像一个翻译官，它把 Python 代码翻译成计算机能够理解的二进制代码，从而让 Python 程序运行起来。

Python 解释器是一个跨平台的 Python 集成开发和学习环境。它支持 Windows、Mac OS 和 UNIX 操作系统，且在这些操作系统中的使用方式基本相同。

#### 2. IDLE 集成开发环境

IDLE 是 Python 安装包提供的内置集成开发环境，其界面简洁，使用简单方便，可用来编写和调试 Python 程序。

### 活动实施

Python 可以被移植到许多平台上，如 Windows、Mac 和 Linux 等。用户可以根据需要为这些平台安装 Python 解释器。小张和他的团队是基于 Windows 平台开发 Python 程序的，经过讨论，他们决定在 Windows 操作系统上安装 Python 解释器。下载及安装的操作步骤如下：

素养园地：

Python 自 1991 年首次发布以来，已经经历了许多版本的迭代，每个版本都带来了新的特性和改进。《大学》中说："苟日新，日日新，又日新。"让我们也都能在自己所从事的领域中，不断更新自己，学习新的知识和技能，追求技艺上的进步，接受失败和持续改进，提高自己的能力和竞争力。

① 访问 Python 官网的下载页面如图 1-1 所示。单击图中的超链接"Windows"，进入 Windows 版本软件下载页面。

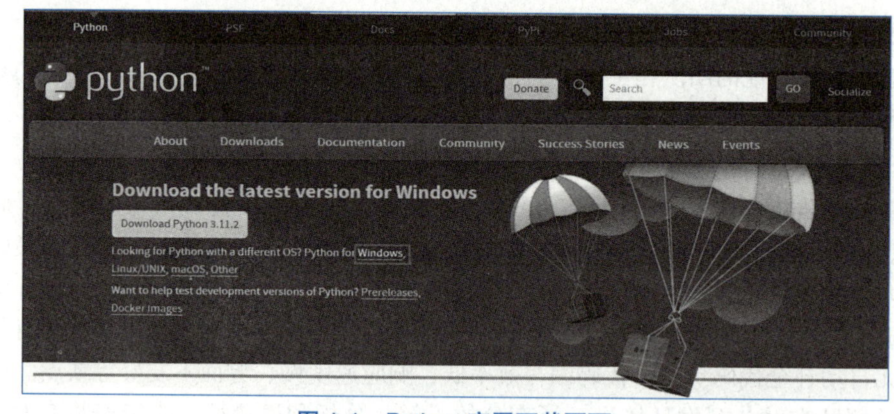


图 1-1　Python 官网下载页面

小贴士：

请注意，Python 3.11.2 不能在 Windows 7 或更早版本上使用。

② 根据操作系统版本、位数以及是否需要嵌入其他应用程序，选择合适的软件包。小张和他的团队使用的是 Windows 10 的 64 位操作系统，因此对应选择 Python 3.11.2 的 installer(64-bit) 版本安装包，如图 1-2 所示。

小贴士：

默认安装时，路径不能修改。自定义安装时，用户可以根据自己的需求有选择地进行安装。

③ 双击下载的安装包会启动安装程序，进入 Python 3.11.2 安装界面，如图 1-3 所示。这里提供了默认安装（Install Now）与自定义安装（Customize installation）两种方式。

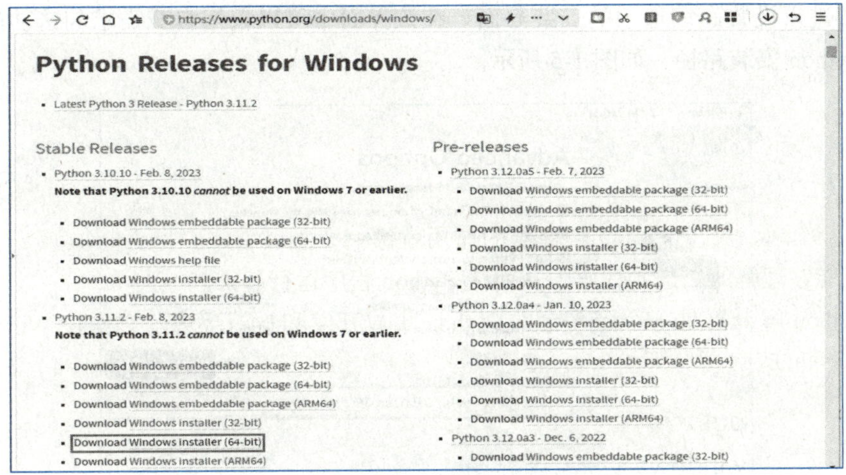


图 1-2　Python 安装包下载列表

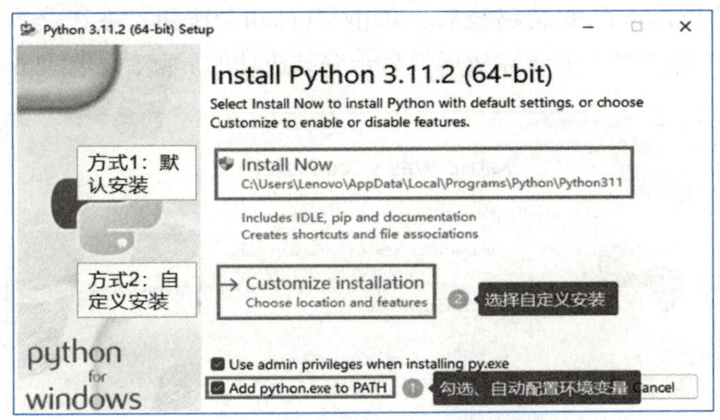


图 1-3　Python 3.11.2 安装界面

④ 这里勾选“Add python.exe to PATH”复选框，选择自定义安装，即单击“Customize installation”，进入设置可选功能的安装界面，如图 1-4 所示。相关选项的作用见图中标注，这里保持默认选项，单击“Next”按钮。

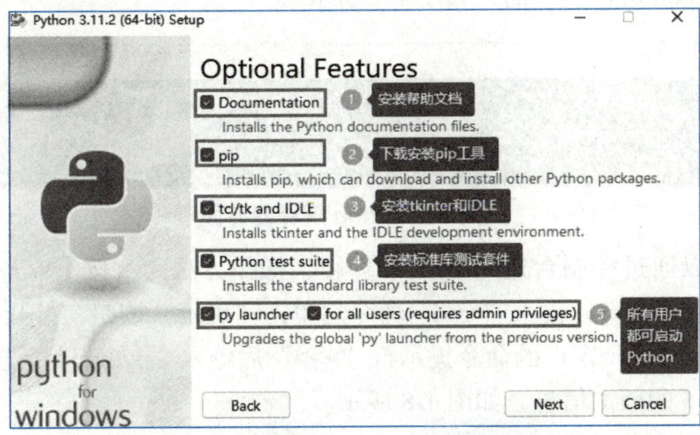


图 1-4　设置可选功能的安装界面

**小贴士：**

安装界面下方有两个复选框。

①“Use admin privileges when installing py.exe”复选框：若勾选此复选框，将以管理员权限安装 Python 的可执行程序，其他 Windows 账户登录系统后都可以使用 Python；若不勾选此复选框且当前账户是个人账户，则安装 Python 后，其他非管理员账户登录到 Windows 系统后不能使用当前账户安装的 Python。

②“Add python.exe to PATH”复选框：若勾选此复选框，则安装完成后，Python 将被自动添加到环境变量中；若不勾选此复选框，则在使用 Python 解释器之前需先手动将 Python 添加到环境变量中。

PATH 是指系统路径，意指将 python.exe 文件添加到系统路径下，然后就可以通过 Windows 系统自带的 cmd 窗口直接执行 Python，进行编译。

⑤ 进入设置高级选项的安装界面。在该界面中可以根据自身需求勾选功能，并设置 Python 安装路径，如图 1-5 所示。

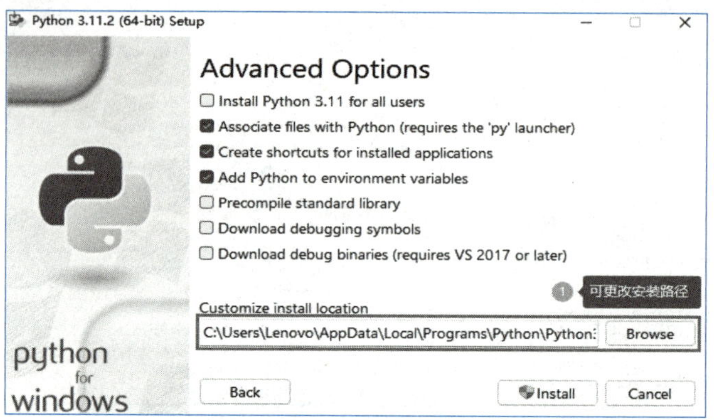


图 1-5　设置高级选项的安装界面

⑥ 更改好 Python 的安装路径后，单击“Install”按钮，系统会自动安装 Python 解释器、配置环境变量。安装完成后，显示安装成功的界面，如图 1-6 所示。

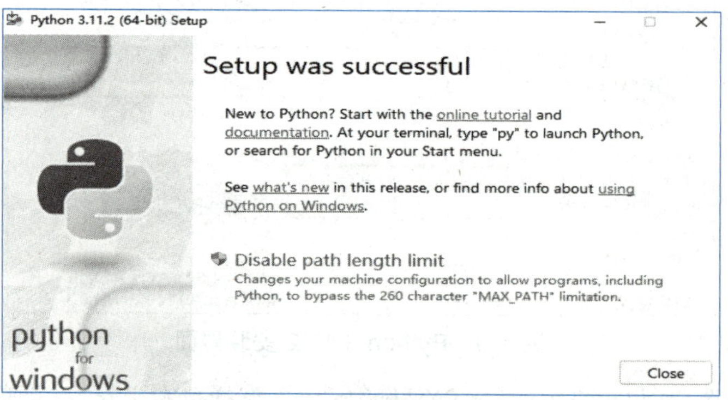


图 1-6　安装成功界面

⑦ 在 Windows 桌面“开始”菜单的“所有程序”里找到并单击“Python 3.11(64-bit)”选项，打开 Python 解释器界面，如图 1-7 所示。

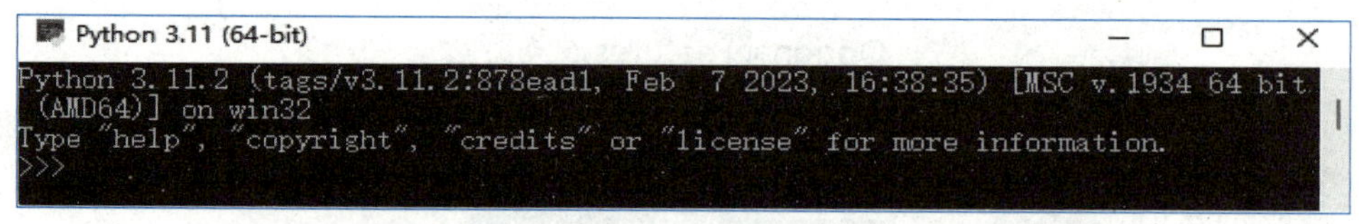


图 1-7　Python 解释器界面

用户也可以通过控制台进入 Python 环境，操作方法为：按【Win+R】快捷键打开管理员“运行”窗口，输入“cmd”命令后单击“确定”按钮，打开 Windows 控制台窗口。在“控制台”窗口的命令提示符“>>>”后输入“python”，按【Enter】键，即可显示 Python 的版本信息，如图 1-8 所示。

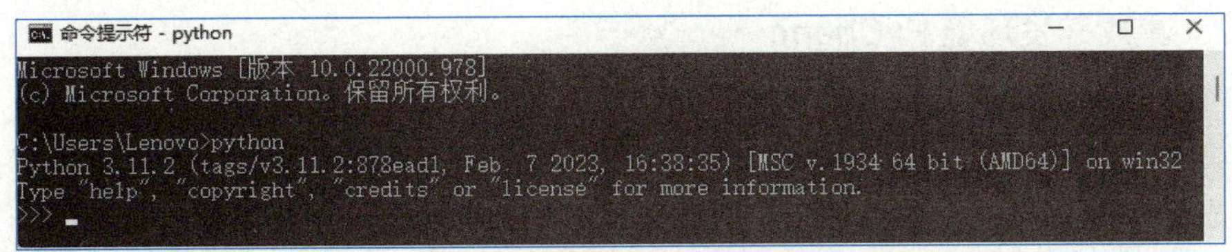


图 1-8　显示 Python 版本信息

至此，Python 解释器安装成功。

如果在“控制台”窗口的命令提示符“>>>”后输入“Python”，按【Enter】键后显示图 1-9 所示信息，这是为什么呢?

**问题诊断：**

这可能是因为在安装 Python 解释器时没有勾选“Add python.exe to PATH”复选框导致的。

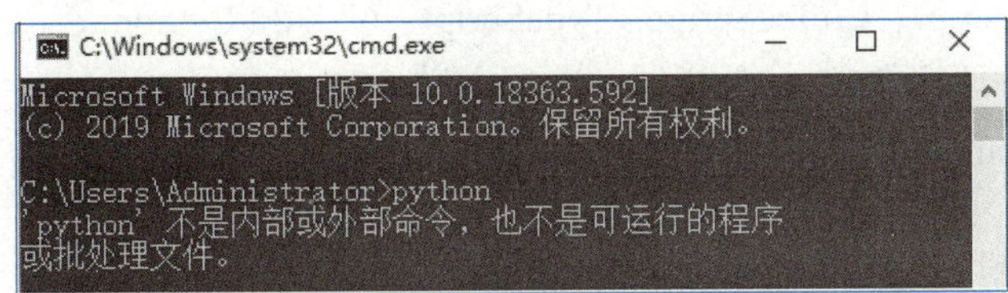


图 1-9　显示错误信息

**改进措施：**

方法 1：重新安装 Python 解释器，并在安装时勾选“Add python.exe to PATH”复选框。

方法 2：右击“此电脑”，在弹出的快捷菜单中选择“属性”→“高级系统设置”→“环境变量”→“系统变量”→“Path”，打开“编辑环境变量”对话框，进行添加。

此外，当安装好 Python 以后，IDLE 就自动安装好了，可在 Windows 桌面的“开始”菜单的“所有程序”里找到并单击打开 IDLE，界面如图 1-10 所示。

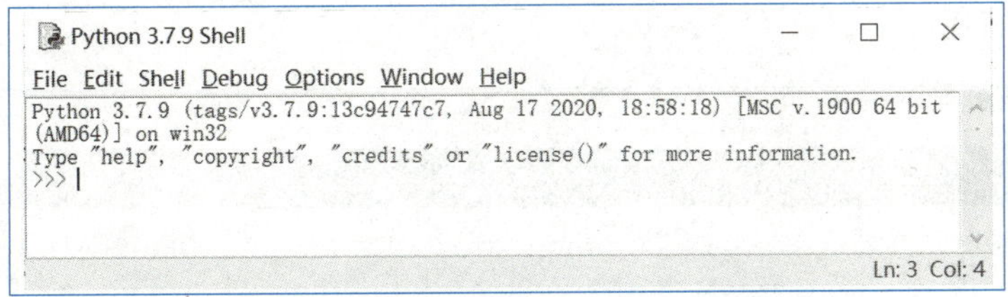


图 1-10　IDLE 集成开发环境界面

## 活动 2　安装与配置 PyCharm

### 活动准备

#### 1. 集成开发环境 IDE

集成开发环境 IDE 是一种辅助程序开发人员进行开发工作的应用软件，集成了代码编写功能、语法检测功能、编译和调试功能。IDE 可以帮助开发人员加快开发速度，提高开发效率。目前比较流行的开发工具有 PyCharm、Anaconda、VS Code 等。

**小贴士：**

若要退出 Python 开发环境，在“控制台”窗口的命令提示符“>>>”后输入“quit()”或“exit()”，再按【Enter】键即可退出。

安装与配置 PyCharm

**视频内容：**

①集成开发环境 IDE。

②集成开发环境 PyCharm。

③ PyCharm 的版本及版本特点。

④ PyCharm 的安装与配置。

### 2. 集成开发环境 PyCharm

PyCharm 是一种 Python IDE，带有一整套可以帮助用户在使用 Python 语言开发时提高其效率的工具，例如调试、语法高亮、项目管理、代码跳转、智能提示、自动完成、单元测试、版本控制等。此外，该 IDE 还提供了一些高级功能，用于支持 Django 框架下的专业 Web 开发。

### 3. PyCharm 的版本及版本特点

PyCharm 有两个版本：Professional（专业版，收费）和 Community（社区版，免费）。这两个版本的特点如下：

（1）Professional 版本的特点

■提供 Python IDE 的所有功能，支持 Web 开发。

■支持 Django、Flask、Google App 引擎、Pyramid 和 web2py。

■支持 JavaScript、CoffeeScript、TypeScript、CSS 和 Cython 等。

■支持远程开发、Python 分析器、数据库和 SQL 语句。

（2）Community 版本的特点

■轻量级的 Python IDE，只支持 Python 开发。

■免费、开源、集成 Apache 2 的许可证。

■智能编辑器、调试器、支持重构和错误检查，集成 VCS 版本控制。

## 活动实施

Python 自带的 IDLE 适用于简单的代码编写与验证，而开发稍具规模的项目则需要工程化、集成化的开发工具，如 PyCharm。那么，如何安装与配置 PyCharm 呢？

小张和他的团队在 Windows 操作系统上安装好 Python 解释器后，开始安装和配置 PyCharm 集成开发环境。下载及安装步骤如下：

**素养园地：** 倡议大家通过官网下载正版软件并进行安装，提高自己的版权意识，尊重知识产权，支持正版软件开发，为促进正版软件的使用和发展作出贡献。

① 访问 PyCharm 官网进入 PyCharm 的下载页面，如图 1-11 所示。PyCharm 支持 Windows、Mac OS、Linux 操作系统，单击相应版本的“Download”按钮下载对应的 PyCharm 安装包。

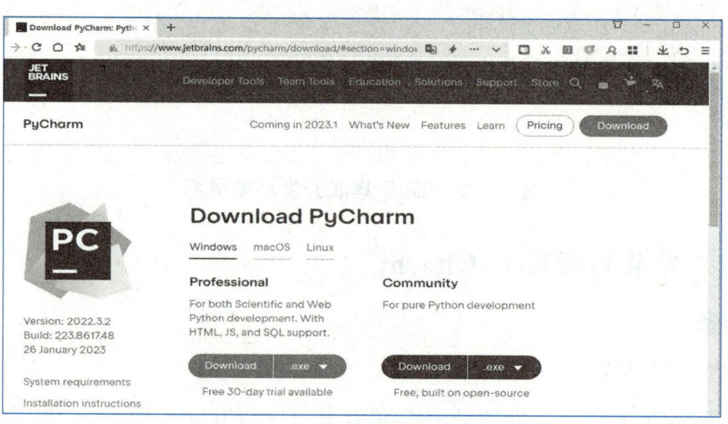


图 1-11 PyCharm 下载页面

② 双击下载好的 .exe 安装文件，打开 PyCharm 安装向导，如图 1-12 所示。

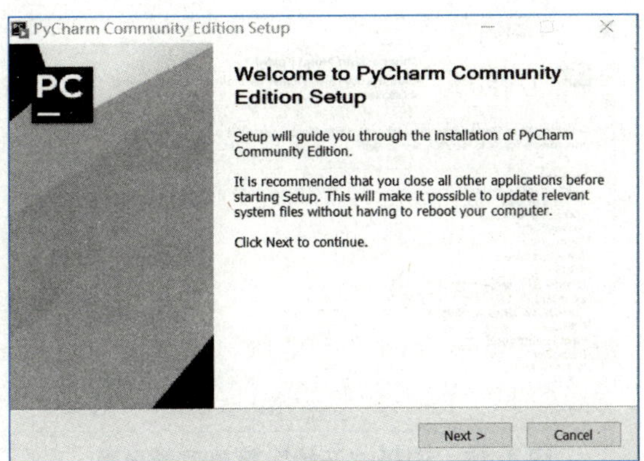


图 1-12 PyCharm 安装向导界面

③ 单击“Next”按钮，进入“Choose Install Location”界面，设置 PyCharm 的安装路径，如图 1-13 所示。

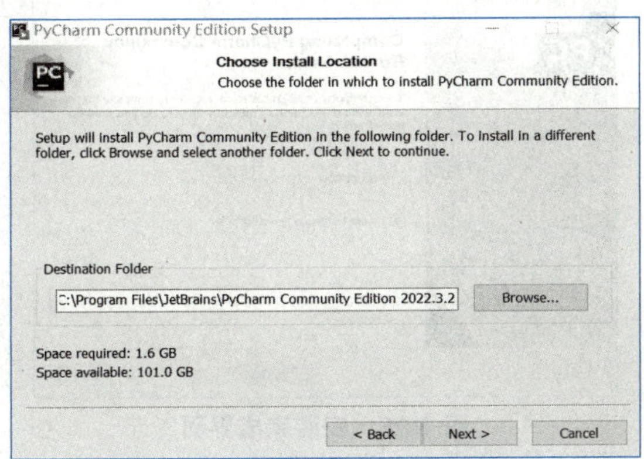


图 1-13 设置 PyCharm 的安装路径

④ 单击“Next”按钮，进入“Installation Options”界面，配置 PyCharm 的安装选项，如图 1-14 所示。这里可以勾选所有选项。

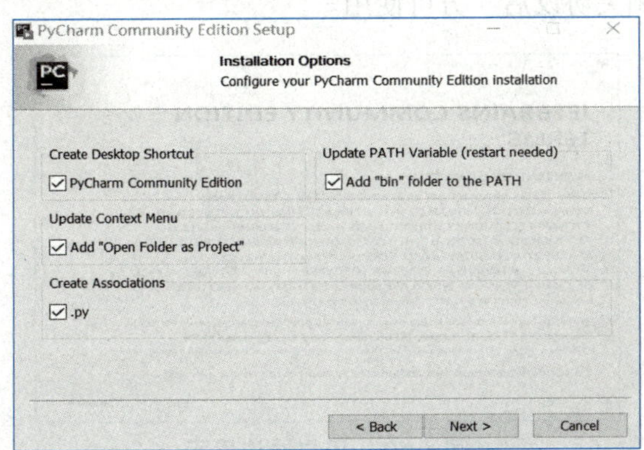


图 1-14 配置 PyCharm 安装选项

⑤ 单击“Next”按钮，进入“Choose Start Menu Folder”界面，选择“开始”菜单目录界面，如图 1-15 所示。

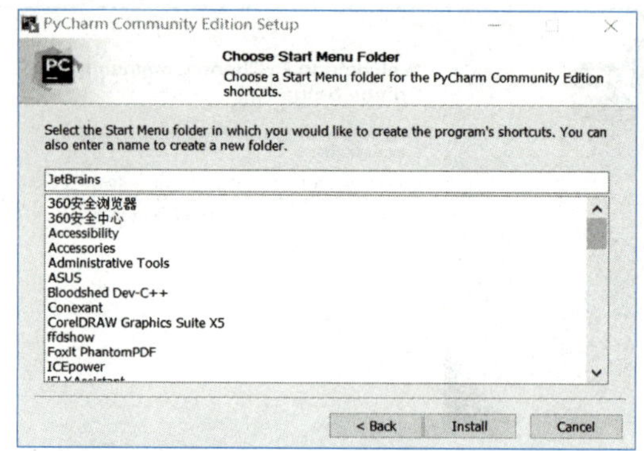


图 1-15　选择“开始”菜单目录界面

⑥ 单击“Install”按钮，开始安装 PyCharm，安装完成后提示“Completing PyCharm Community Edition Setup”信息，界面如图 1-16 所示。

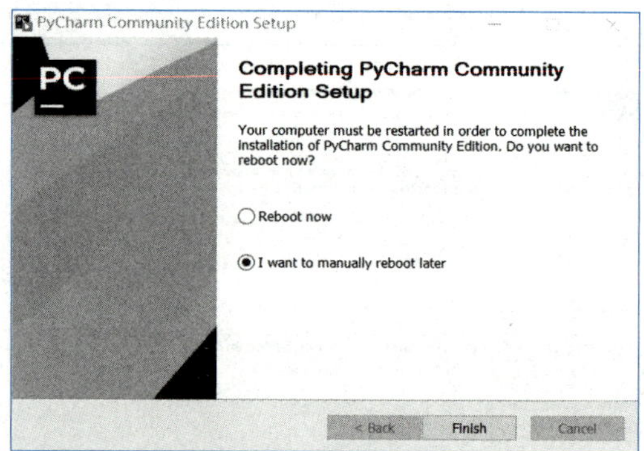


图 1-16　安装完成界面

⑦ 单击“Finish”按钮完成 PyCharm 安装。

⑧ PyCharm 安装完成后，会在桌面上添加一个 PyCharm 快捷方式图标，双击该图标，即可打开 PyCharm。首次使用 PyCharm 时会先进入用户协议界面，如图 1-17 所示，需用户接受相关协议后，方可使用。

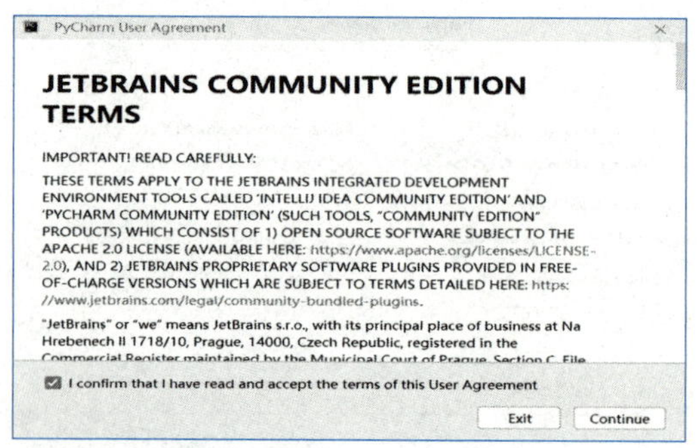


图 1-17　用户协议界面

⑨ 勾选下方的复选框接受协议后，单击“Continue”按钮，进入“Welcome to PyCharm”欢迎界面，如图 1-18 所示，单击“New Project”按钮新建项目。

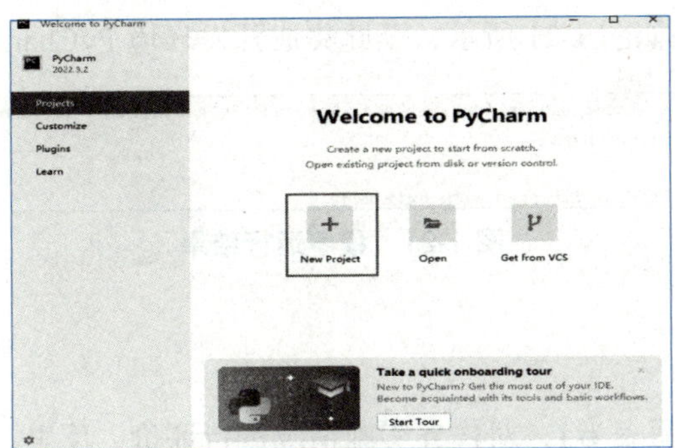


图 1-18　欢迎界面

⑩ 在新打开的“New Project”新建项目界面，修改“Location”（项目目录路径），选择“Base interpreter”（解释器），其他选项保持默认，因默认设置中勾选了“Create a main.py welcome script”选项，单击“Create”按钮后会自动创建并打开“main.py”文件，如图 1-19 所示。

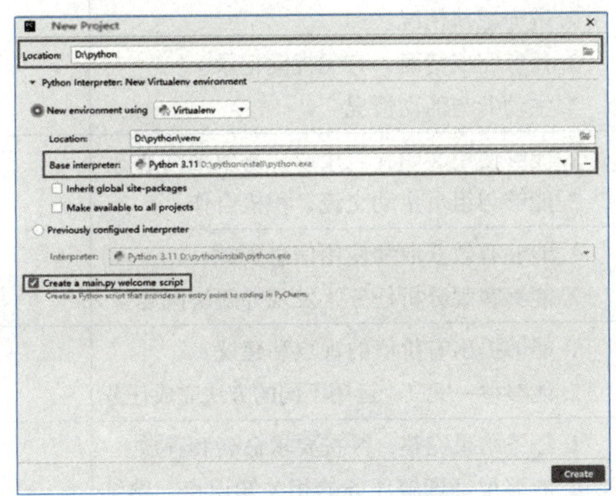


图 1-19　新建项目界面

⑪ 在“main.py”文件中右击，在弹出的快捷菜单中选择“Run 'main'”命令，即可运行 main.py 文件，如图 1-20 所示。

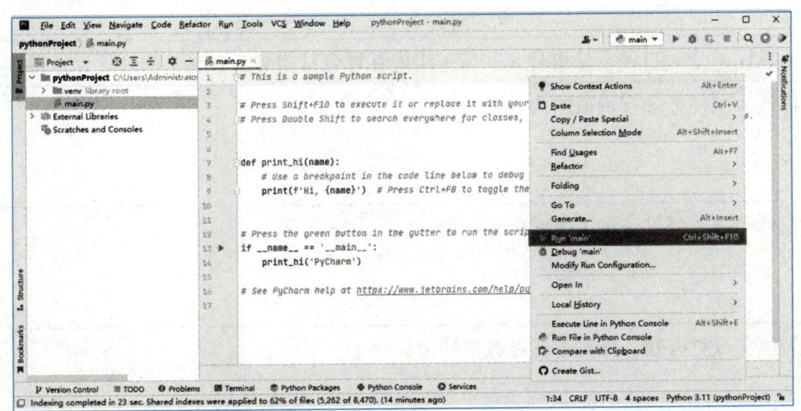

图 1-20　“main.py”文件及其右键快捷菜单

⑫ 程序运行结果如图 1-21 所示，至此集成开发环境 PyCharm 安装完成。

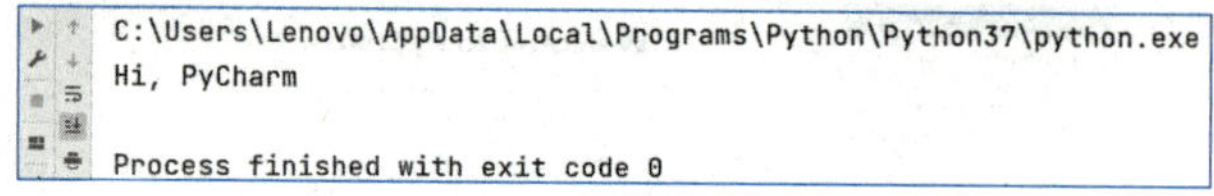


图 1-21 程序运行结果

## 任务评价

请教师和学生填写表 1-1，对任务实施情况进行评价、反思，并提出改进措施。

表 1-1 职业能力评价、反思及改进

<table>
<tr><td colspan="9">任务名称：</td></tr>
<tr><td>班级</td><td></td><td>小组</td><td></td><td>姓名</td><td></td><td>日期</td><td colspan="2">年 月 日</td></tr>
<tr><td rowspan="9">职业能力评价</td><td colspan="5">能 力</td><td>自评</td><td>组内互评</td><td>教师评</td></tr>
<tr><td>自我管理能力（20 分）</td><td colspan="4">1. 出勤情况。<br>2. 遵守纪律情况。<br>3. 任务完成情况，有无提问记录。<br>4. 主动参与活动情况</td><td></td><td></td><td></td></tr>
<tr><td>合作交流能力（10 分）</td><td colspan="4">1. 能够使用文明礼貌用语，有效地沟通。<br>2. 能够与组员主动交流，积极合作</td><td></td><td></td><td></td></tr>
<tr><td>解决问题能力（10 分）</td><td colspan="4">1. 能够有效获取和使用信息资源。<br>2. 能够客观分析任务，发现并解决问题</td><td></td><td></td><td></td></tr>
<tr><td>任务创新能力（10 分）</td><td colspan="4">1. 能够提出有价值的观点和建议。<br>2. 能够举一反三，运用不同的方法完成任务</td><td></td><td></td><td></td></tr>
<tr><td>综合能力（50 分）</td><td colspan="4">1. 任务结果完整，并按要求命名和存放。<br>2. 能够很好理解任务的相关知识点，熟练完成任务操作。<br>3. 能有效地参与任务评价</td><td></td><td></td><td></td></tr>
<tr><td colspan="5">合 计 得 分</td><td></td><td></td><td></td></tr>
<tr><td colspan="5">总 评 得 分</td><td colspan="3"></td></tr>
<tr><td colspan="8">注：总评得分 = 自评合计得分 × 20% + 组内互评合计得分 × 20% + 教师评合计得分 × 60%</td></tr>
<tr><td rowspan="3">反思与改进</td><td colspan="8">1. 你认为本任务最有价值的内容是：</td></tr>
<tr><td colspan="8">2. 下列问题需要进一步了解或得到帮助：</td></tr>
<tr><td colspan="8">3. 为使学习更有效，你对本任务教学的建议是：</td></tr>
</table>

# 任务 2　计算圆的面积和周长

## 任务综述

### 任务描述

Python 开发环境安装和配置好后是不是就可以开始写代码了呢？如果要编写程序计算圆的面积和周长应该从何入手呢？王经理告诉小张和他的团队，学习 Python 须理解 Python 程序的开发流程，因此，王经理建议他们可以按照程序的开发流程来设计计算圆的面积和周长的程序。

### 任务分析

经过王经理的指导，小张和他的团队知道了要设计一个程序并不是上来就编写代码，而是要先分析问题，进行边界划分，再进行程序设计和编写程序。程序写好之后可能还含有错误，因此还要对程序进行测试与调试等。最终小张和他的团队通过学习与实践完成了任务，并在实践中感受到了开发流程的重要性。

### 任务目标与重难点

| 任务目标 | 计算圆的面积和周长 |
|---|---|
| 任务重点和难点 | 了解程序开发流程，能用 IPO 方法描述问题，能使用 input() 函数、eval() 函数、print() 函数等计算圆的面积和周长（重点） |
| | 字符串的格式化输出（难点） |

## 活动 1　用 IPO 方法描述问题

用IPO方法描述计算圆的面积和周长问题

视频内容：
① 什么是程序？
② 程序开发的流程。
③ 程序编写的基本方法。
④ 用 IPO 方法描述计算圆的面积和周长问题。

### 活动准备

**1. 程序**

计算机对信息的处理是通过程序来完成的。程序是运行在计算机之上，用于实现某种功能的一组指令的集合。程序的规模与功能的复杂度有关，一般而言，功能越复杂，程序的规模就越大。

**2. 程序开发流程**

程序设计是一门科学。程序的开发流程是有规律和步骤可循的。通常，程序的开发流程分为六个阶段，如图 1-22 所示。

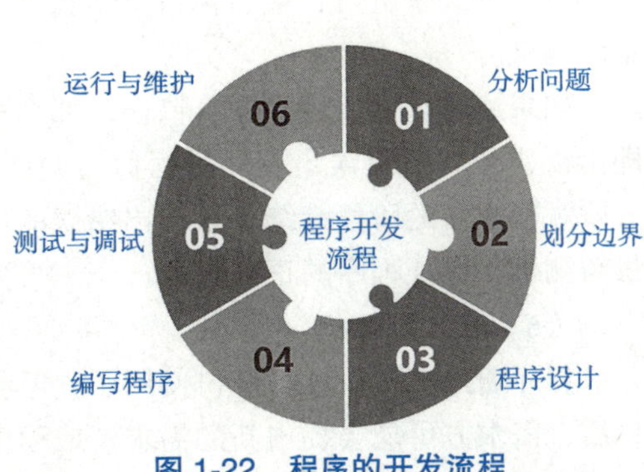


图 1-22　程序的开发流程

（1）分析问题

编程的目的是用计算机解决实际问题。在解决问题之前，应充分了解要解决的问题，明确真正的需求，避免因理解偏差而设计出不符合需求的程序。

（2）划分边界

通过划分边界，准确描述程序要做什么。在这一阶段我们可利用 IPO 方法描述问题，确定程序的输入、处理和输出之间的总体关系。

（3）程序设计

程序设计这一步骤我们需要考虑“怎么做”，即确定程序的结构和流程。对于简单的问题，可使用 IPO 方法描述，再着重设计算法即可。对于复杂的程序，应先“化整为零，分而治之”。

（4）编写程序

程序设计完成后，就可以使用某种实际的程序设计语言来表达，即编程实现。这一阶段首要考虑的是编程语言的选择。不同的编程语言在性能、开发周期、可维护性等方面存在一定差异。在实际开发中开发人员会对性能、周期、可维护性等因素进行一定考量。

（5）测试与调试

编写程序之后，程序是否能够正确运行呢？为确保程序的正常运行，还需要对程序进行测试与调试。通过运行程序，测试程序的功能，判断功能是否与预期相符，是否存在疏漏。

程序错误通常有三种：

① 语法错误：是指程序没有按照语言的语法规则来书写。这类错误可由编译程序来发现。

② 逻辑（或语义）错误：是指程序没有完成预期的功能。

③ 运行异常错误：是指对程序运行环境的非正常情况考虑不周而导致的程序异常终止。

这些错误可能是在编程阶段导致的，也可能是在设计阶段甚至在问题定义阶段导致的。程序的逻辑错误和运行异常错误一般可以通过测试来发现。测试方法有很多，例如：

① 静态测试：即不运行程序，而是通过对程序的静态分析找出逻辑错误。

② 动态测试：即利用一些测试数据，运行程序，观察程序的运行结果是否与预期的结果相符。

测试工作不一定要等到程序全部编写完成才开始进行，可以采取编写一部分测试一部分的方式来进行，最后再对整个程序进行整体测试，即先进行单元测试，再进行集成测试。

如果通过测试发现程序有错误，那么就需要找到程序中出现错误的位置和原因，即错误定位。给错误定位的过程称为调试（debug）。调试一般需要运行程序，通过分段观察程序的阶段性结果来找出错误的位置和原因。在这一过程中应做尽量多的考量与测试，保证程序的正确运行。

（6）运行与维护

程序通过测试后就可交付使用了。但测试与调试并不是程序开发的结束。程序交付后，需求方可能会提出新的需求，或程序在使用时产生问题，或发现漏洞等，这就需要对程序进行升级和维护，以适应问题的变化，来使程序达到更长的生命周期。

总之，解决问题的过程不单是程序编写的过程，问题分析、边界划分、程序设计、程序测试与调试、升级与维护都是解决问题不可或缺的步骤。

### 3. IPO 方法——程序编写的基本方法

无论是解决四则运算的小规模程序，还是航天器使用的复杂的控制程序，都遵循输入数据、处理数据和输出数据这一运算模式。这一基础的运算模式形成了基本的程序编写方法——IPO 方法（即 Input，Process，Output），如图 1-23 所示。

**输入**

- 控制台输入。
- 随机数据输入
- 内部变量输入。
- 文件输入。
- 交互界面输入。
- 网络输入

**处理**

处理是程序的核心，它蕴含程序的主要逻辑。程序中实现处理功能的方法也被称为“算法”，算法是程序的灵魂。选择优秀的算法是提高程序效率的重要途径之一

**输出**

- 控制台输出。
- 系统内部变量输出。
- 文件输出。
- 图形输出。
- 网络输出。

图 1-23　IPO 方法

输入是程序设计的起点。程序总是与数据有关，在处理数据之前需要先获取数据。程序中数据的获取称为数据的输入。输出是程序对数据处理结果的展示与反馈。处理部分则是程序的核心，它蕴含程序的主要逻辑。程序中实现处理功能的方法也被称为“算法”。算法是程序的灵魂。实现一个功能的算法有很多，但不同的算法性能有高有低。选择优秀的算法是提高程序效率的重要途径之一。

#### 活动实施

小张和他的团队在理解了程序的开发流程后，使用 IPO 方法对计算圆的面积和周长问题进行描述：

① 输入：获取圆的半径 $r$。

② 处理：根据圆的面积公式 $s=\pi r^2$（π 取 3.14），计算圆的面积 $s$。
　　　　根据圆的周长公式 $c=2\pi r$（π 取 3.14），计算圆的周长 $c$。

③ 输出：输出求得的圆的面积 $s$ 和周长 $c$。

> **素养园地：** 授人以鱼不如授人以渔。掌握程序开发的方法比解决一个具体问题更重要。你还可以尝试使用 IPO 方法描述诸如温度转换、货币兑换等一系列的计算问题。

## 活动 2　用 IPO 方法计算圆的面积和周长

用IPO方法计算圆的面积和周长

> **视频内容：** 用 IPO 方法计算圆的面积和周长。

#### 活动准备

### 1. input() 函数

input() 是 Python 标准库中的函数，其功能是获取用户从控制台输入的数据，并以字符串形式将其返回。其语法格式如下：

```
变量 = input([prompt])
```

参数说明：

■ prompt：提示信息。

### 2. eval() 函数

eval() 函数用来执行一个字符串表达式，并返回表达式的值。字符串表达式可以包含变量、函数调用、运算符和其他 Python 语法元素。其语法格式如下：

```
eval(expression[, globals[, locals]])
```

参数说明：

- expression：表达式。
- globals：变量作用域，全局命名空间，如果被提供，则必须是一个字典对象。
- locals：变量作用域，局部命名空间，如果被提供，可以是任何映射对象。

### 3. print() 函数

print() 函数用于向控制台中输出数据。它可以输出任何类型的数据。其语法格式如下：

```
print(*objects, sep=' ', end='\n', file=sys.stdout)
```

参数说明：

- objects：表示输出的对象。输出多个对象时，需要用逗号分隔。
- sep：用于间隔多个对象。默认值是一个空格。
- end：用于设置以什么结尾。默认值是换行符 \n。
- file：表示数据输出的文件对象。

### 4. 字符串的格式化输出

将输出的内容按一定格式标准输出，如对齐方式、数值的表示精度等。字符串格式化通常作为 print() 函数的参数使用。

Python 的格式化输出主要有三种方法。

#### （1）用格式符（%）进行格式化输出

用格式符%对字符串格式化时，Python 会使用一个带有格式符的字符串作为模板。这个格式符用于为真实值预留位置，并说明真实值应该呈现的格式。

不同的格式符为不同的变量预留位置。常见的格式符及说明见表 1-2。

表 1-2 常见的格式符及说明

| 格 式 符 | 说 明 | 格 式 符 | 说 明 |
|---|---|---|---|
| %c | 字符 | %e | 索引符号（小写 e） |
| %s | 字符串 | %E | 索引符号（大写 E） |
| %i 或 %d | 有符号十进制整数 | %f | 十进制浮点数（小写） |
| %o | 八进制整数 | %F | 十进制浮点数（大写） |
| %x | 十六进制整数（小写） | %g | 浮点数或指数（%f 或 %e） |
| %X | 十六进制整数（大写） | %G | 浮点数或指数（%F 或 %E） |

另外，Python 可以用一个元组（小括号里面包含多个基本数据类型）将多个值传递给模板。元组中的每个值对应着一个格式符。

以格式符方式格式化字符时也支持通过字典传值，每个命名对应字典的一个键。

（2）用 format() 方法格式化输出

format() 方法是 Python 内置的字符串方法。它用字符串作为模板，值作为参数提供，插入该模板中，从而形成一个新的字符串。其基本使用格式如下：

```
<template - string>.format(<values>)
```

模板字符串由“”和“{}”组成。“{}”用来控制修改字符串中插入值位置。如果模板字符串中有多个“{}”，并且“{}”内没有指定任何序号（从 0 开始编号），则默认按照“{}”出现的顺序分别用参数进行替换。如果模板字符串中的“{}”明确使用了参数的序号，则需要按照序号对应的参数进行替换。

format() 方法中，模板字符串的花括号内除了参数序号外，还可以包括其他控制信息，这时，“{}”内部的样式如下：

```
{<参数序号>:<格式控制标记>}
```

格式控制标记包括 < 填充 >、< 对齐 >、< 宽度 >、<,>、<. 精度 > 和 < 类型 > 六个字段，这些字段都是可选的，也可以组合使用，如图 1-24 所示。

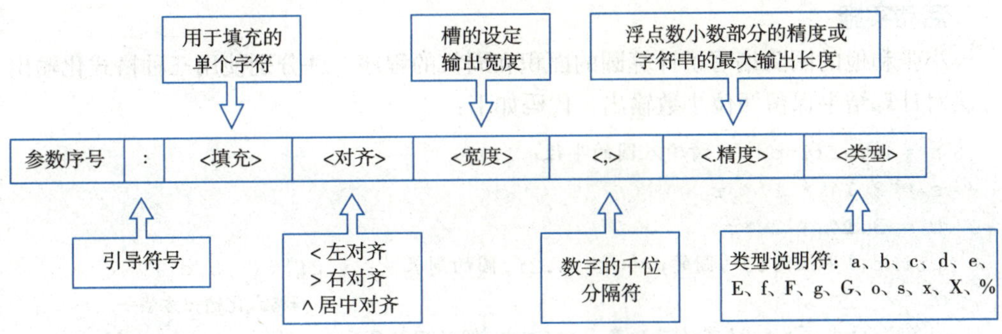


图 1-24　格式控制标记功能说明

其中类型说明符用于控制整型和浮点型的格式规则。针对整型的不同进制形式，特提供了不同的输出格式，具体描述见表 1-3。

表 1-3　类型说明符及说明

| 类型说明符 | 说　明 |
| --- | --- |
| a | 将字符串按 Unicode 编码输出 |
| b | 将一个整数格式化为一个二进制数 |
| c | 将一个整数解释为 ASCII 码 |
| d | 将整数格式化为十进制的整数 |
| e | 将十进制数格式化为科学记数法形式，用小写字母 e 表示 |
| E | 将十进制数格式化为科学记数法形式，用大写字母 E 表示 |
| f | 将十进制数格式化为浮点数，会将特殊值（nan 和 inf）转换为小写 |
| F | 与 f 的功能相同，只是将特殊值（nan 和 inf）转换为大写 |

续表

| 类型说明符 | 说明 |
|---|---|
| g | 会根据整数值的位数，在浮点数和科学记数法之间，在整数位超过 6 位时，与 e 相同，否则与 f 相同 |
| G | 与 g 的功能相同，只是科学记数法中的 E 以及特殊值会大写 |
| o | 将一个整数格式化为八进制数 |
| s | 按原样格式化字符串 |
| x | 将一个整数格式化为十六进制数，字母部分用小写 |
| X | 与 x 的功能相同，只是字母部分用大写 |
| % | 将数值格式化为百分比格式 |

（3）用 f-string 方法格式化输出

f-string 是从 Python 3.6 版本开始加入 Python 标准库的内容，它提供了一种更为简洁的格式化字符串方式。

f-string 在格式上以 f 或 F 引领字符串，字符串中使用 {} 标明被格式化的变量。

小贴士：

f-string 本质上不再是字符串常量，而是在运行时运算求值的表达式，所以在效率上优于格式符 % 和 format() 方法。

### 活动实施

小张和他的团队编写了计算圆的面积和周长的程序，并分别使用三种格式化输出方法对计算结果保留两位小数输出。代码如下：

```
r = eval(input('请输入圆的半径：'))
s = 3.14 * r * r
c = 3.14 * 2 *r
print('半径为%d的圆的面积是：%.2f,圆的周长是：%.2f'%(r,s,c))
                                              #格式化输出方法一
print('半径为{}的圆的面积是：{:.2f},圆的周长是：{:.2f}'.format(r,s,c))
                                              #格式化输出方法二
print(F'半径为{r}的圆的面积是：{s:.2f},圆的周长是：{c:.2f}')
                                              #格式化输出方法三
```

程序运行结果如下：

```
请输入圆的半径：3
半径为3的圆的面积是：28.26,圆的周长是：18.84
半径为3的圆的面积是：28.26,圆的周长是：18.84
半径为3的圆的面积是：28.26,圆的周长是：18.84
```

小贴士：

在实际应用中，三种格式化输出方法选择一种即可。

## 任务评价

请教师和学生填写表 1-4，对任务实施情况进行评价、反思并提出改进措施。

表 1-4　职业能力评价、反思和改进

<table>
<tr><td colspan="7">任务名称：</td></tr>
<tr><td>班级</td><td>小组</td><td></td><td>姓名</td><td>日期</td><td colspan="2">年　月　日</td></tr>
<tr><td rowspan="9">职业能力评价</td><td colspan="3">能　力</td><td>自评</td><td>组内互评</td><td>教师评</td></tr>
<tr><td>自我管理能力（20 分）</td><td colspan="2">1. 出勤情况。<br>2. 遵守纪律情况。<br>3. 任务完成情况，有无提问记录。<br>4. 主动参与活动情况</td><td></td><td></td><td></td></tr>
<tr><td>合作交流能力（10 分）</td><td colspan="2">1. 能够使用文明礼貌用语，有效地沟通。<br>2. 能够与组员主动交流，积极合作</td><td></td><td></td><td></td></tr>
<tr><td>解决问题能力（10 分）</td><td colspan="2">1. 能够有效获取和使用信息资源。<br>2. 能够客观分析任务，发现并解决问题</td><td></td><td></td><td></td></tr>
<tr><td>任务创新能力（10 分）</td><td colspan="2">1. 能够提出有价值的观点和建议。<br>2. 能够举一反三，运用不同的方法完成任务</td><td></td><td></td><td></td></tr>
<tr><td>综合能力（50 分）</td><td colspan="2">1. 任务结果完整，并按要求命名和存放。<br>2. 能够很好理解任务的相关知识点，熟练完成任务操作。<br>3. 能有效地参与任务评价</td><td></td><td></td><td></td></tr>
<tr><td colspan="3">合计得分</td><td></td><td></td><td></td></tr>
<tr><td colspan="3">总评得分</td><td colspan="3"></td></tr>
<tr><td colspan="6">注：总评得分 = 自评合计得分 × 20% + 组内互评合计得分 × 20% + 教师评合计得分 × 60%</td></tr>
<tr><td rowspan="3">反思与改进</td><td colspan="6">1. 你认为本任务最有价值的内容是：</td></tr>
<tr><td colspan="6">2. 下列问题需要进一步了解或得到帮助：</td></tr>
<tr><td colspan="6">3. 为使学习更有效，你对本任务教学的建议是：</td></tr>
</table>

## 拓展任务　使用 math 模块计算圆的面积和周长

### 任务描述

小张和他的团队发现在任务 2 中计算圆的面积和周长时，把 π 写成了 3.14，而这是不精确的，他们把这个情况反馈给了王经理。

### 任务分析

王经理建议小张和他的团队先了解 Python 内置的数学模块——math 模块。math

使用math模块计算圆的面积和周长

视频内容：

① 什么是模块？
② 模块的分类。
③ math 模块。
④ 模块的导入和使用。
⑤ 使用 math 模块计算圆的面积和圆长。

模块可以进行更加复杂的数学运算，如求弦、求根、求对数等。最终小张和他的团队通过学习与实践完成了任务，并在实践中感受到了使用模块的好处。

## 任务目标与重难点

| 任务目标 | 使用 math 模块计算圆的面积和周长 |
|---|---|
| 任务重点和难点 | 了解什么是模块、为什么要使用模块、模块的分类、模块的导入和使用、多个模块导入时的顺序（重点） |
| | 掌握 math 模块和平方的表示方法（难点） |

## 任务准备

### 1. 什么是模块

在 Python 程序中，模块（module）是最高级别的程序组织单元。它将程序代码和数据封装起来以便重用。简单地说，每一个 .py 文件就是一个模块。

### 2. 为什么要使用模块

① 程序复用，提高开发效率。

② 避免函数名和变量名冲突。（相同名字的函数和变量可以分别存在于不同的模块中）。

③ 提高了代码的可维护性。

④ 更好地组织代码，减小程序体积。

### 3. 模块的分类

① 内置模块：是 Python 内置标准库中的模块，也是 Python 的官方模块，可直接导入程序。

② 第三方模块：非官方制作发布供大众使用的 Python 模块，在使用前需先安装。

③ 自定义模块：是开发人员在程序编写过程中自行编写的，存放功能性代码的 .py 文件。

### 4. 模块的导入和使用

（1）使用 import 语句导入模块

① 使用 import 语句可以一次导入一个或多个模块，其语法格式如下：

```
import module1[,module2[,...,moduleN]
```

② 当导入的模块或元素的名字过长时，可以使用 as 关键字，给它取一个别名，其语法格式如下：

```
import module as alias
```

③ 调用模块中函数的方法，其语法格式如下：

```
module1(alias).function
```

**问题思考：** 为什么必须加上模块名或别名进行调用？

**问题解析：** 当多个模块中含有相同名称的函数时，如果只通过函数名来调用，解释器无法知道到底要调用哪个函数。

（2）使用 from...import... 语句导入指定的元素

① 使用 from...import... 语句支持一次导入多个函数、类或变量，其语法格式如下：

```
from modname import name1[,name2[,...,nameN]]
```

② 该语句也支持导入模块中的全部内容，其语法格式如下：

```
from modname import *
```

③ 该语句也支持模块或模块中的函数起别名，其语法格式如下：

```
from modname import name1 as alias
```

④ 调用模块中函数的方法，其语法格式如下：

```
functionname([parametersvalue])
```

参数说明：

■ functionname：函数名称，要调用的函数名称必须是已经创建好的。

■ parametersvalue：可选参数，用于指定各个参数的值。如果需要传递多个参数值，则各参数值间使用逗号“,”分隔。如果该函数没有参数，则直接写一对小括号即可。

> **小贴士：**
> from...import 语句和 import 语句在调用时的区别：
> import 是将模块导入，而 from...import 是导入模块中的指定元素，在访问元素时无须添加模块名。使用 from...import 可简化模块中内容的引用，但可能会出现函数重名问题。

### 5. 多个模块导入时的顺序

因不确定扩展模块或自定义模块里有没有某个功能调用了内置模块，所以，在导入模块时，应先导入解释器内置的模块，再导入扩展模块，最后导入自定义模块，即：内置模块→扩展（第三方）模块→自定义模块。

### 6. math 模块

math 模块是 Python 的一个内置模块，提供了许多数学函数，包括三角函数、对数函数、幂函数等，以及一些数学常量，如圆周率（pi）和自然对数的底（e）。该模块主要用于处理基础数学运算和数学函数的计算。

### 7. 平方的表示方法

方法一：使用幂运算符。

幂运算符（**）可以用来计算平方。

方法二：使用内置函数 pow()。

Python 还提供了内置函数 pow()，该函数可用于计算幂。其语法格式如下：

```
pow(x,y[,z])
```

其表示 x 的 y 次幂，如果 y 为 2，即可计算平方值。参数 z 是对结果进行取模，其结果等效于 pow(x,y) %z。

方法三：使用 math 模块。

Python 的 math 模块也提供了 pow() 函数。与 Python 内置的 pow() 函数不同，math.pow() 函数在使用前需要先导入 math 模块。math.pow() 函数返回浮点数结果。其语法格式如下：

```
math.pow(x,y)
```

> **小贴士：**
> ① 幂运算符方法简洁明了，适用于简单的平方计算。但不建议使用幂运算符处理大数值计算，因为其需要进行多次乘法操作，这会导致计算时间的增加或可能会出现性能问题。
> ② pow() 函数更灵活，可以处理更复杂的幂运算。
> ③ math.pow() 函数适用于需要浮点数结果的情况。

**小贴士：**

Python 中的 pow() 和 math. pow() 函数都可以用于计算幂，但它们有一些区别：

① 内置的 pow() 函数更适用于整数计算和取模操作。

② math. pow() 函数更适用于浮点数和复数计算，并且具有更高的精度。

## 任务实施

小张和他的团队使用 math 模块计算圆的面积和周长。代码如下：

```
import math
PI = math.pi
r = eval(input('请输入圆的半径：'))
s = PI * math.pow(r,2)
c = PI * 2 *r
print(F'半径为{r}的圆的面积是：{s:.6f},圆的周长是：{c:.6f}')
```

程序运行结果如下：

```
请输入圆的半径：3
半径为3的圆的面积是：28.274334,圆的周长是：18.849556
```

## 任务评价

请教师和学生填写表 1-5，对任务实施情况进行评价、反思并提出改进措施。

表 1-5　职业能力评价、反思和改进

<table>
<tr><td colspan="9">任务名称：</td></tr>
<tr><td>班级</td><td></td><td>小组</td><td></td><td>姓名</td><td></td><td>日期</td><td colspan="2">年　月　日</td></tr>
<tr><td rowspan="10">职业能力评价</td><td colspan="5">能　力</td><td>自评</td><td>组内互评</td><td>教师评</td></tr>
<tr><td>自我管理能力（20 分）</td><td colspan="4">1. 出勤情况。<br>2. 遵守纪律情况。<br>3. 任务完成情况，有无提问记录。<br>4. 主动参与活动情况</td><td></td><td></td><td></td></tr>
<tr><td>合作交流能力（10 分）</td><td colspan="4">1. 能够使用文明礼貌用语，有效地沟通。<br>2. 能够与组员主动交流，积极合作</td><td></td><td></td><td></td></tr>
<tr><td>解决问题能力（10 分）</td><td colspan="4">1. 能够有效获取和使用信息资源。<br>2. 能够客观分析任务，发现并解决问题</td><td></td><td></td><td></td></tr>
<tr><td>任务创新能力（10 分）</td><td colspan="4">1. 能够提出有价值的观点和建议。<br>2. 能够举一反三，运用不同的方法完成任务</td><td></td><td></td><td></td></tr>
<tr><td>综合能力（50 分）</td><td colspan="4">1. 任务结果完整，并按要求命名和存放。<br>2. 能够很好理解任务的相关知识点，熟练完成任务操作。<br>3. 能有效地参与任务评价</td><td></td><td></td><td></td></tr>
<tr><td colspan="5">合计得分</td><td></td><td></td><td></td></tr>
<tr><td colspan="5">总评得分</td><td colspan="3"></td></tr>
<tr><td colspan="8">注：总评得分 = 自评合计得分 × 20% + 组内互评合计得分 × 20% + 教师评合计得分 × 60%</td></tr>
<tr><td colspan="8"></td></tr>
<tr><td rowspan="3">反思与改进</td><td colspan="8">1. 你认为本任务最有价值的内容是：</td></tr>
<tr><td colspan="8">2. 下列问题需要进一步了解或得到帮助：</td></tr>
<tr><td colspan="8">3. 为使学习更有效，你对本任务教学的建议是：</td></tr>
</table>

## 素养提升　失之毫厘，谬以千里

下面是小张和他的团队成员编写的计算圆面积和周长的程序代码，请你帮他们检查一下是否存在问题。

代码 1：

```
r = input('请输入圆的半径：')
L = 2 * 3.14 * eval(r)
S = 3.14 * eval(r) * eval(r)
print('半径为%s的圆的周长是：5%s，圆面积是：%s'%(r,L,S))
```

存在问题：

> 问题解析：第 4 行代码存在问题，第 2 个百分号前面多输入了一个数字 5。

代码 2：

```
inStr = input('请输入圆的半径，帮你计算周长和面积')
circumference = eval(inStr) * 2 * 3.14
area = eval(inStr) * 3.14 ** 2
print('半径为{}的圆的周为{:.2f}，圆的面积为{:.2f}'.format(inStr,circu
mference,area))
```

存在问题：

> 问题解析：第 3 行代码存在问题，圆的面积公式不正确。

代码 3：

```
r = float(input('请输入圆的半径：'))
c = 3.14 * r * 2
s = 3.15 * r * r
print('圆的周长为：{:.2f}圆的面积为：{:.2f}'.format(c,s))
```

存在问题：

> 问题解析：第 3 行代码存在问题，圆的面积公式不正确。

代码 4：

```
a = float(input('请输入圆的半径：'))
print('圆的周长为：%.2f'%(3.14*a))
print('圆的面积为：%.2f'%(a*a*3.14))
```

存在问题：

> 问题解析：第 2 行代码存在问题，圆的周长公式不正确。

代码 5：

```
PI = 3.14
infStr = input('请输入圆的半径：')
```

```
cStr = eval(infStr) * 2 * PI
sStr = eval(infStr) * PI * PI
print('圆的周长为',cStr)
print('圆的面积为',sStr)
```

存在问题：

问题解析：

第 4 行代码存在问题，圆的面积公式不正确。

素养园地：

正所谓“失之毫厘，谬以千里”，我们编写程序来不得半点马虎，无论是公式错误、小数点错误，还是输入错误等，都会导致程序最终结果的错误。通过写程序，我们不仅要培养编程能力和逻辑思维能力，更重要的是要培养严谨认真的做事风格和态度。

## 项目总结

本项目首先通过课前任务微视频讲解了 Python 语言的发展历程、特点及其应用领域等内容，之后任务 1 介绍了在 Windows 操作系统中搭建和配置 Python 开发环境、运行 Python 程序的方法，以及程序开发流程与编写方式等，同时结合任务 2“计算圆的面积和周长”，介绍了 input() 函数、eval() 函数、print() 函数、字符串的格式化输出，拓展延伸了什么是模块、为什么要使用模块、模块的分类、模块的导入和使用、多个模块导入时的顺序、math 模块和平方的表示方法等内容。通过本项目的学习，希望大家能熟练搭建 Python 开发环境，运行 Python 程序，并熟悉程序设计的流程与编写程序的基本方法。

## 巩固与应用

请使用微信“扫一扫”扫码进行课后小测

### 1. 单选题

① 关于 Python 解释器，下列选项中错误的是（　　）。

A. 在 Python 官网中下载解释器时不用区分 64 位或 32 位

B. 安装解释器时若勾选“Add python.exe to PATH ”选项，安装完成后 Python 将自动添加到环境变量中

C. Python 程序的执行需要借助 Python 解释器才能完成

D. 以上都不对

② 下面选项中（　　）不是常用的 Python 开发工具。

A. PyCharm　　B. Jupyter Notebook

C. Sublime Text　　D. MyEclipse

③ Python 语句 print(1,3, 5, 7, 9) 的输出结果是（　　）。

A. 1,3,5,7,9　　B. 13579　　C. 1 3 5 7 9　　D. (1,3, 5, 7, 9)

④ 用于接收键盘输入的 Python 内置函数是（　　）。

A. input()　　B. eval()　　C. print()　　D. pow()

⑤ 用于输出数据的 Python 内置函数是（　　）。

A. input()　　B. eval()　　C. print()　　D. pow()

⑥ Python 语言源代码程序编译后的文件扩展名为（　　）。

A. .py　　B. .c　　C. .java　　D. .c++

⑦ 下列语句中可以输出“hello world”的是（　　）。

A. printf("hello world")　　B. output("hello world")

C. print("hello +world")　　D. print("hello world")

⑧ Python 语言可以在（　　）操作系统下运行。

A. Windows　　B. MacOS　　C. Linux　　D. 以上都可以

⑨ IDLE 环境的退出命令是（　　）。

A. esc()　　B. 按【Enter】键

C. exit()　　D. close()

⑩ 下列导入模块的方式中，错误的是（　　）。

A. import random　　B. from random import random

C. from random import *　　D. from random

⑪ 下列关于 Python 中模块的说法中，正确的是（　　）。

A. 只能使用内置的标准模块

B. 只有标准模块才支持 import 导入

C. 模块一次只能导入一个

D. 导入模块后，可以使用模块中的变量、方法、类

⑫ 下列关于标准模块的说法中，错误的是（　　）。

A. 标准模块不需要导入就可以使用

B. random 模块属于标准模块

C. 标准模块可通过 import 进行导入

D. 标准模块也是一个 py 文件

⑬ Python 内置的集成开发工具是（　　）。

A. PythonWin　　B. Pydev　　C. IDE　　D. IDLE

## 2. 判断题

① PyCharm 是一个完全免费的 IDE 工具。（　　）

② 模块是一个可共享的程序。（　　）

③ 用户可以自行创建模块，方法是将自己的程序文件复制到 Python 的工作目录下的 LIB 子目录，用 import 命令导入即可。（　　）

## 3. 程序设计题

① 请通过网络查阅华氏温度和摄氏温度的转换关系，然后编写代码实现从键盘输入华氏温度，将其转换为摄氏温度输出。

② 查阅 175 cm 等于几英尺、几英寸，找出厘米和英尺、英寸之间的关系。然后编写代码实现从键盘输入厘米数，计算出对应的英尺、英寸后输出。

③ 将用户姓名存储在变量中，并向用户显示一条信息。程序运行结果如下：

```
请输入姓名：王红
王红，你好！
```

# 项目 2
# 制作学生成绩单

## 项目综述

项目导读

### 项目导读

东华职业技术学院开展了一次期末考试，为了统计分析学生成绩情况，学校委托华信智能技术有限公司制作一份期末考试学生成绩单。公司王经理把这项任务交给了小张和他的团队。王经理提醒他们先制作学生成绩单，提供交互式界面，输入并存储学生的成绩信息，最后计算学生成绩总分和平均分等。小张和团队成员经过讨论，决定用 Python 来完成这项任务。

### 项目目标

| 知识目标 | 能力目标 | 素质目标 |
| --- | --- | --- |
| ◎掌握 Python 程序的代码规范；<br>◎熟悉 Python 关键字；<br>◎了解变量及数据类型的分类；<br>◎掌握各种数字类型；<br>◎掌握运算符的使用方法；<br>◎认识文件模板 | ◎能正确命名标识符；<br>◎能使用命令查看关键字；<br>◎能使用不同方法给变量赋值；<br>◎能给程序添加注释；<br>◎能使用运算符实现常见的数值运算；<br>◎能在 PyCharm 中设置 Python 文件模板 | ◎培养学生团队合作的能力；<br>◎培养学生分析问题、解决实际问题的能力；<br>◎培养学生严谨细致的工作态度；<br>◎培养学生的探索精神 |

### 项目导图

项目2　制作学生成绩单

- 课前学习任务　掌握Python程序的编码规范
- 任务1　制作简单学生成绩单
  - 活动1　使用变量赋值的方法制作学生成绩单
  - 活动2　为学生成绩单添加注释
- 任务2　制作交互式学生成绩单
  - 活动1　使用input()函数制作交互式学生成绩单
  - 活动2　计算学生成绩总分和平均分
- 拓展任务　给学生成绩单自动添加文件头注释
- 素养提升　精益求精，追求可靠

# 课前学习任务

扫一扫侧边二维码观看相关视频，并完成下面的题目。

## 1. 单选题

① 以下关于 Python“缩进”的描述中，正确的是（　　）。

A. 缩进统一为四个空格

B. 缩进在程序中长度统一且强制使用

C. 缩进可以用在任何语句之后，表示语句间的包含关系

D. 缩进是非强制的，仅为了提高代码可读性

② Python 使用缩进作为语法边界，一般（　　）。

A. 使用按【Tab】键缩进　　B. 缩进两个空格

C. 缩进四个空格　　D. 缩进八个空格

③ 以下对 Python 程序缩进格式描述，错误的是（　　）。

A. 不需要缩进的代码顶行写，前面不能留空白

B. 缩进可以用【Tab】键实现，也可以用多个空格实现

C. 严格的缩进可以约束程序结构，可以多层缩进

D. 缩进是用来格式美化 Python 程序的

④ 以下关于 Python 缩进的描述中，错误的是（　　）。

A. Python 用严格的缩进表示程序的格式框架，所有代码都需要在行前至少加一个空格

B. 缩进是可以嵌套的，从而形成多层缩进

C. 缩进表达了所属关系和代码块的所属范围

D. 判断、循环、函数等都能够通过缩进包含一批代码

⑤ 下列代码的运行结果是（　　）。

```
age=3
if age<6:
    print("不能入读小学")
else:
    print("可以入读小学")
        print("欢迎下次再来")
```

A. 不能入读小学　　B. 可以入读小学

C. 欢迎下次再来　　D. 程序报错

⑥ 下列选项中，（　　）不是 Python 合法的标识符。

A. int32　　B. 40XL　　C. self　　D. name

⑦ 下列选项中，不是 Python 保留字的是（　　）。

A. del　　B. pass　　C. not　　D. string

⑧ 下列选项中，不符合 Python 语言变量命名规则的是（　　）。

A. keyword33　　B. 33_keyword

掌握Python程序的编码规范

**视频内容：**

① 缩进。
② 行的最大长度。
③ 标识符。
④ 关键字。
⑤ 标识符命名规范。

**素养园地：**

“没有规矩，不成方圆”。规则意识在编程过程中显得非常重要，在编写程序时应遵守 Python 代码风格与规范，从点滴做起，精益求精，培养严谨认真的做事风格和态度。

请使用微信“扫一扫”扫码答题

C. _33keyword　　D. keyword_33

⑨ 下列选项中，不是 Python 语言保留字的是（　　）。

A. while　　B. continue　　C. goto　　D. for

⑩ 下列选项中，合法的变量名为（　　）。

A. m.py　　B. a1　　C. 386　　D. True

⑪ 下列选项中，不合法的变量名为（　　）。

A. _w　　B. w2　　C. None　　D. none

### 2. 判断题

① 编写 Python 程序时应尽量减少空行和空格，让代码紧凑一点。（　　）

② Python 使用缩进来体现代码之间的逻辑关系。（　　）

③ Python 变量名必须以字母或下划线开头，并且区分字母大小写。（　　）

④ 在 Python 中，变量名可以包含字母、数字和下划线。（　　）

⑤ Python 中变量必须先声明才能使用。（　　）

# 任务 1　制作简单学生成绩单

## 任务综述

制作学生成绩单并为学生成绩单添加注释

视频内容：

①变量。
②数据类型。
③变量赋值。
④制作学生成绩单。
⑤注释。
⑥注释的分类。
⑦为学生成绩单添加注释。

### 任务描述

小张和他的团队成员使用 Python 来制作学生成绩单，Python 语言能对数据进行分析和可视化，以后也可以将成绩单用图表的形式展现，便于教师对学生的考试情况进行评估，从而对接下来的教学计划做出指导意见。而在编写 Python 程序前，小张和他的团队成员还要学习语法规则，进而树立规范的编程意识。

### 任务分析

为了更好地完成任务及方便后续维护和其他项目引用，王经理建议小张和他的团队要做好代码规范管理，并做好注释。

### 任务目标与重难点

| 任务目标 | 制作简单学生成绩单，为学生成绩单添加注释 |
| --- | --- |
| 任务重点和难点 | 什么是变量、数据类型，代码的注释方法（重点） |
| | 变量赋值（难点） |

## 活动 1　使用变量赋值的方法制作学生成绩单

### 活动准备

#### 1. 变量

变量是计算机内存的存储位置的表示，也称内存变量，用于在程序中临时保存数据，其值可变。

Python 使用不同的变量名标识不同的内存区域，通过变量名访问和修改这些内存中存放的数据。

> **小贴士：**
> 变量名是标识符的一种，应遵循标识符的命名要求和规范。

### 2. 数据类型

Python 变量的类型指的是该变量所标识的内存中数据对象的类型。Python 语言并未明确定义变量类型。Python 中定义的变量可以接收任何类型的数据。

根据数据存储形式不同，数据类型分为基础的数字类型和组合类型，如图 2-1 所示。

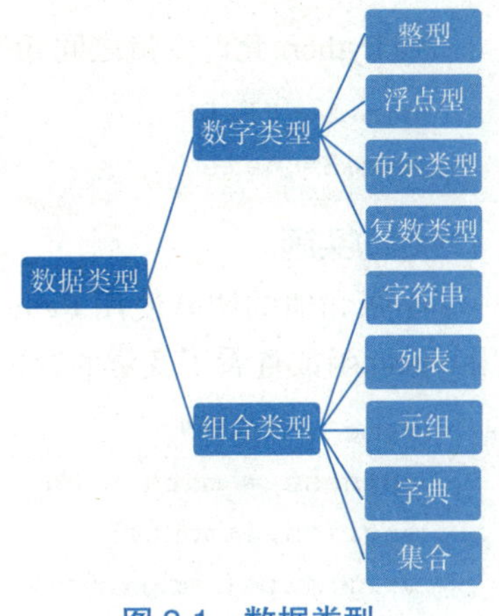


图 2-1　数据类型

### 3. 查看数据类型

Python 有多种数据类型，并且有些数据类型的表现形式相同或相近，使用 Python 的内置函数 type() 可以查看各种数据的类型，代码如下：

```
a = "Hello Python"
b = 0b1011
c = 0.24e6
print(type(a),type(b),type(c))
```

程序运行结果如下：

```
<class 'str'> <class 'int'> <class 'float'>
```

### 4. 变量赋值

将数值赋给变量的过程称为赋值，实现赋值过程的语句称为赋值语句。

Python 变量不需要声明就可以使用。但每个变量在使用前必须赋值，变量在程序中的赋值语句执行后才被创建，其语法格式如下：

```
变量 = 数值
```

赋值运算符右侧可以是具体的数值，也可以是运算后能得到具体数值的表达式，或其他已被赋值的变量。

说明：

① 可以把任意数据类型赋值给变量。

② 同一个变量可以反复赋值，且可以是不同类型的变量。

示例如下：

```
a = 123
a = "你好"
```

③ Python 允许同时为多个变量赋值。示例如下：

```
x = y = z = 100
```

> **问题思考：**
> 如果连续多次对变量赋值，那么这个变量的值最后是多少？

> **问题解析：**
> 变量的值总是最后一次赋给它的值。

**小贴士：**
同时为多个变量赋值和同时为多个变量赋不同类型的值可以减少代码量，使程序的赋值过程更加简洁。

④ Python 允许同时为多个变量赋予不同类型的值。示例如下：

```
name,age = "张三",100
```

⑤ Python 允许变量之间相互赋值。示例如下：

```
name1= "张三"
name2= name1
```

### 活动实施

小张和他的团队使用 Python 制作学生成绩单。他们首先完成了变量赋值，并使用 type() 函数查看了变量的数据类型，代码如下：

```
name = "陈婷"
chinese = math = 85
english,computer = 87.6,95
print(type(name),type(chinese),type(math),type(english),type(computer))
```

运行程序，可以看到上述变量的数据类型分别是字符串、整型、整型、浮点型和整型，结果如下：

```
<class 'str'> <class 'int'> <class 'int'> <class 'float'> <class 'int'>
```

**问题思考 1：**

学生成绩通常是由平时成绩和期末成绩按照一定的比例构成的，如平时成绩和期末成绩分别占总成绩的 60% 和 40%，若只知道陈婷英语的平时成绩是 90 分，期末成绩是 84 分，除了可以手动计算出英语成绩的总分，再用总分进行赋值，还可以使用什么方法呢？

**问题解析：**

使用表达式赋值。

方法一：

```
english,computer = 90 * 0.6 + 84 * 0.4,95
```

方法二：

```
e_ps,e_qm = 90,84
english,computer = e_ps * 0.6 + e_qm * 0.4,95
```

**问题思考 2：**

能否把方法二的两行代码合并成一行？

**问题解析：**

把方法二的两行代码合并成一行后，如下：

```
e_ps,e_qm,english,computer = 90,84, e_ps * 0.6 + e_qm * 0.4,95
```

运行合并的程序，系统会报错，如图 2-2 所示。

```
    e_ps ,e_qm ,english ,computer = 90 ,84 , e_ps * 0.6 + e_qm * 0.4,95
NameError: name 'e_ps' is not defined
```

图 2-2　程序报错

在 Python 中，为多个变量赋值时会先计算赋值运算符右侧的表达式，再将计算结果一一赋值给左侧变量，因此右侧不能出现未赋值的变量，而变量 e_ps 和 e_qm 在此赋值语句被执行之前尚未被赋值，因此在运算右侧表达式时会产生错误。

接下来，他们使用 print() 函数打印输出陈婷同学的成绩单，代码如下：

```
print("学生成绩单")
print("********************")
print("姓名：",name)
print("语文：",chinese)
print("数学：",math)
print("英语：",english)
print("计算机：",computer)
```

程序运行结果如下：

```
学生成绩单
********************
姓名：陈婷
语文：85
数学：85
英语：87.6
计算机：95
```

**素养园地：** 在制作学生成绩单过程中需要收集和整理相关数据，处理数据的同时，我们也要考虑如何保护数据，确保不会泄露敏感信息。

## 活动 2　为学生成绩单添加注释

### 活动准备

#### 1. 注释

注释是代码中穿插的辅助性文字，用于标识代码的含义与功能，以提高程序的可读性。需要注意的是：

- 注释用于在程序指定位置添加说明性信息。
- 注释不参与程序运行，仅起说明作用。

**小贴士：** 在调试程序的过程中使用注释可以缩小错误所在的范围，提高调试程序的效率。

#### 2. 注释分类

Python 程序中的注释分为单行注释和多行注释。

（1）单行注释

Python 使用“#”作为单行注释的符号，其语法格式如下：

```
# 注释内容
```

**素养园地：** 为代码添加注释是一个良好的编程习惯，有利于代码的维护和阅读。

从“#”开始，直到这行结束为止的所有内容都是注释。Python 解释器在遇到“#”时，会忽略它后面的整行内容。

习惯上，“#”与注释文本之间由一个空格分隔，语句之后的注释与语句之间至少有两个空格。

单行注释可以放在要注释代码的上一行，也可以放在要注释代码的右侧。注释使用的基本原则如下：

① 说明多行代码的功能时一般将注释放在代码的上一行，例如：

```
# 使用print函数打印输出字符串
print("Hello World!")
print("I love python!")
```

② 说明单行代码的功能时一般将注释放在代码的右侧，例如：

```
print("Hello,World!")    # 注意：打印的文本信息要放在引号中
print( 36.7 * 14.5 )     # 输出乘积
```

（2）多行注释

多行注释指的是一次性注释程序中多行的内容（包含一行）。

Python 将多行注释包含在三对英文半角单引号或三对英文半角双引号之间，具体格式如下：

```
'''
使用 3 个单引号分别作为注释的开头和结尾
可以一次性注释多行内容
这里面的内容全部是注释内容
'''
```

或者使用下面的方式：

```
"""
使用 3 个双引号分别作为注释的开头和结尾
可以一次性注释多行内容
这里面的内容全部是注释内容
"""
```

**小贴士：**

多行注释通常用来为 Python 文件、模块、类或者函数等添加版权或者功能描述信息。

### 活动实施

小张和他的团队为学生成绩单添加注释，代码如下：

```
# 学生成绩单
name = "陈婷"
chinese = math = 85                             # 语文和数学科目成绩
english,computer = 87.6,95                      # 英语和计算机科目成绩
print("学生成绩单")
print("********************")                   # 分隔线
print("姓名：",name)
print("语文：",chinese)
```

```
print("数学：",math)
print("英语：",english)
print("计算机：",computer)
```

运行程序，程序正常运行，但注释已被解释器忽略，不会被执行。运行结果不变。

## 任务评价

请教师和学生填写表 2-1，对任务实施情况进行评价、反思并提出改进措施。

表 2-1 职业能力评价、反思和改进

<table>
<tr><td colspan="9">任务名称：</td></tr>
<tr><td>班级</td><td></td><td>小组</td><td></td><td>姓名</td><td></td><td>日期</td><td colspan="2">年 月 日</td></tr>
<tr><td rowspan="8">职业能力评价</td><td colspan="5">能 力</td><td>自评</td><td>组内互评</td><td>教师评</td></tr>
<tr><td>自我管理能力<br>（20 分）</td><td colspan="4">1. 出勤情况。<br>2. 遵守纪律情况。<br>3. 任务完成情况，有无提问记录。<br>4. 主动参与活动情况</td><td></td><td></td><td></td></tr>
<tr><td>合作交流能力<br>（10 分）</td><td colspan="4">1. 能够使用文明礼貌用语，有效地沟通。<br>2. 能够与组员主动交流，积极合作</td><td></td><td></td><td></td></tr>
<tr><td>解决问题能力<br>（10 分）</td><td colspan="4">1. 能够有效获取和使用信息资源。<br>2. 能够客观分析任务，发现并解决问题</td><td></td><td></td><td></td></tr>
<tr><td>任务创新能力<br>（10 分）</td><td colspan="4">1. 能够提出有价值的观点和建议。<br>2. 能够举一反三，运用不同的方法完成任务</td><td></td><td></td><td></td></tr>
<tr><td>综合能力<br>（50 分）</td><td colspan="4">1. 任务结果完整，并按要求命名和存放。<br>2. 能够很好理解任务的相关知识点，熟练完成任务操作。<br>3. 能有效地参与任务评价</td><td></td><td></td><td></td></tr>
<tr><td colspan="5">合 计 得 分</td><td></td><td></td><td></td></tr>
<tr><td colspan="5">总 评 得 分</td><td colspan="3"></td></tr>
<tr><td></td><td colspan="8">注：总评得分 = 自评合计得分 × 20% + 组内互评合计得分 × 20% + 教师评合计得分 × 60%</td></tr>
<tr><td rowspan="3">反思与改进</td><td colspan="8">1. 你认为本任务最有价值的内容是：</td></tr>
<tr><td colspan="8">2. 下列问题需要进一步了解或得到帮助：</td></tr>
<tr><td colspan="8">3. 为使学习更有效，你对本任务教学的建议是：</td></tr>
</table>

#  任务 2 制作交互式学生成绩单

## 任务综述

### 任务描述

小张和他的团队成员发现使用 Python 语言通过在程序中给变量赋值的方式可以完成学生成绩单的制作，但这种方式灵活性较差，如果我们需要修改该同学的成绩或为其他学生制作成绩单时，都需要通过修改程序代码来完成。若想要便捷又快速的制作成绩单，应该怎样解决呢？他们把这个问题反馈给了王经理。

### 任务分析

王经理建议小张和他的团队可以制作交互式学生成绩单，从而提升程序的适应性和交互性。此外，在制作交互式成绩单前还应掌握数字类型的相关内容，巩固 Python 语言基础知识。

### 任务目标与重难点

| 任务目标 | 制作交互式学生成绩单，计算学生成绩总分和平均分 |
|---|---|
| 任务重点和难点 | 数字类型（重点） |
| | 数字类型的运算（难点） |

## 活动 1 使用 input() 函数制作交互式学生成绩单

制作交互式学生成绩单

视频内容：

① 数字类型。

② 数字类型的分类。

③ 制作交互式学生成绩单。

小贴士：

Python 3 中，整型数据的长度不会受到机器字长的影响，它的取值范围只与计算机的内存有关。也就是说，无论整型的长度为多少，只要计算机的内存够大，用户就无须再考虑溢出问题。

默认采用十进制数表示，若要用其他进制表示，需要增加引导符号。

### 活动准备

**1. 数字类型**

表示数字或数值的数据类型称为数字类型。

**2. 数字类型的分类**

Python 内置的数字类型有整型（int）、浮点型（float）、复数类型（complex）和布尔型（bool）四种。

（1）整型

整型用来存储整数数值。在 Python 中，整数包括正整数、负整数和 0。整型的表示形式如下：

■ 二进制：以“0B”或“0b”开头（如 0b101）。

■ 八进制：以“0o”或“0O”开头（如 0o510）。

■ 十进制：如 10、29、40。

■ 十六进制：以“0x”或“0X”开头（如 0xA7A）。

整型不同形式间可以使用下列函数进行转换：

■ bin()：十进制转换为二进制，输出形式是字符串。

■ oct()：十进制转换为八进制，输出形式是字符串。

■ hex()：十进制转换为十六进制，输出形式是字符串。

■ int()：接收一个符合整型规范的字符串，并将字符串转换为整型。

（2）浮点型

浮点型数（简称浮点数）为带小数点的实数。Python 中的浮点型一般以十进制表示，由整数和小数部分（可以是 0）组成，如 2.5，1.0，35.33 等。

对于很大或者很小的浮点型，可以使用科学记数法表示，如 1.5e4、-2.3e3、3.4e-3 等。

Python 中的浮点型取值范围为 -1.8e308~1.8e308。若超出这个范围，Python 会将值视为无穷大（inf）或无穷小（-inf）。

（3）复数类型

复数由“实部”和“虚部”两部分组成。其中实部是一个实数，虚部则是一个实数与 j 或 J 的组合。复数必须具备以下几个特点：

■ 实数部分和虚数部分都是浮点型。

■ 虚部是一个实数与 j 或 J 的组合。（虚数部分后面必须有 j 或 J）

■ 虚部不能单独存在。

其语法格式如下：

```
real+imagej
```

例如，定义一个实部是 5、虚部是 2j 的复数，代码如下：

```
a = 5 + 2j
print(a)                    # 输出复数a
print(a.real)               # 获取实部
print(a.imag)               # 获取虚部
```

程序运行结果如下：

```
(5+2j)
5.0
2.0
```

使用内置函数 complex(real,imag) 并通过传入实部（real）和虚部（imag）的方式定义复数。若没有传入虚部，则虚部为 0j，代码如下：

```
a = complex(5,2)
print(a)
b = complex(5)
print(b)
```

程序运行结果如下：

```
(5+2j)
(5+0j)
```

两个实部相等、虚部互为相反数的复数互为共轭复数。复数可以通过 conjugate() 方法返回它的共轭复数。例如，使用 conjugate() 方法返回复数 a 的共轭复数，代码如下：

```
a = complex(5,2)
print(a.conjugate())
```

程序运行结果如下：

```
(5-2j)
```

(4) 布尔型

布尔型是一种特殊的整型，只有True(真)和False(假)两个取值。True对应整数1，False对应整数0。任何对象都具有布尔属性。下面数据的布尔值都是False。

■ None。

■ False。

■ 任何为0的数字类型，如0、0.0、0j。

■ 任何空序列，如""、()、[]。

■ 空字典，如{}。

■ 用户定义的类实例，如类中定义了 __bool__() 或者 __len__() 方法，并且该方法返回0或者布尔值False。

其他数据的布尔值都是True，可以使用bool()函数进行查看，代码如下：

```
a = bool("")
b = bool(0.0)
c = bool("hello world")
d = bool(20)
print(a,b,c,d)
```

程序运行结果如下：

```
False False True True
```

## 活动实施

小张和他的团队使用input()函数输入学生信息，实现交互式输入，代码如下：

```
name = input("请输入学生姓名：")
chinese = input("请输入语文成绩：")
math = input("请输入数学成绩：")
english = input("请输入英语成绩：")
computer = input("请输入计算机成绩：")
print("学生成绩单：")
print("********************" )
print("姓名：",name)
print("语文：",chinese)
print("数学：",math)
print("英语：",english)
print("计算机：",computer)
```

运行后控制台会依次提示输入学生姓名 、语文成绩、数学成绩、英语成绩和计算机成绩。程序运行结果如下：

```
请输入学生姓名：陈婷
请输入语文成绩：85
请输入数学成绩：85
请输入英语成绩：87.6
请输入计算机成绩：95
学生成绩单
********************
姓名：陈婷
语文：85
数学：85
英语：87.6
计算机：95
```

**小贴士：**

使用交互式制作学生成绩单的方法更灵活，适应性更强。

## 活动 2　计算学生成绩总分和平均分

### 活动准备

**1. 运算符**

运算符是告诉编译程序执行特定算术或逻辑操作的符号。

**2. 数值运算符的分类**

（1）算术运算符

算术运算符是 Python 中最常用的运算符之一，主要用于数字的处理。Python 中常用的算术运算符及示例见表 2-2。

表 2-2　常用算术运算符及示例

| 算术运算符 | 说　明 | 示　例 |
|---|---|---|
| + | 加：使两个操作数相加，获取操作数的和 | 4+5，结果为 9 |
| - | 减：使两个操作数相减，获取操作数的差 | 7-10，结果为 -3 |
| * | 乘：使两个操作数相乘，获取操作数的积 | 4*5，结果为 20 |
| / | 除：使两个操作数相除，获取操作数的商 | 10/4，结果为 2.5 |
| // | 整除：使两个操作数相除，获取商的整数部分 | 10//4，结果为 2 |
| % | 取余：使两个操作数相除，获取余数 | 10%4，结果为 2 |
| ** | 幂：使两个操作数进行幂运算，获取 a 的 b 次幂 | 5**2，结果为 25 |

（2）赋值运算符

赋值运算符就是用来为变量赋值的运算符，主要功能是将右侧表达式的值赋值给左侧的变量，Python 中常用的赋值运算符及示例见表 2-3。

计算学生成绩总分和平均分

**视频内容：**

① 运算符。
② 运算符的分类。
③ 运算符的优先级。
④ 数字类型的转换。
⑤ 计算学生成绩总分和平均分。

**小贴士：**

Python 中的算术运算符支持对不同类型的数值进行混合运算。在混合运算时，Python 会强制将数值进行临时类型转换。转换原则如下：

■ 布尔类型进行算术运算时，将其视为数值 0 和 1。

■ 整型与浮点型进行混合运算时，将整型转化为浮点型。

■ 其他类型与复数运算时，将其他类型转换为复数类型。

**小贴士：**

除和整除的区别：

①除返回的结果是浮点数（除法操作可能会改变操作数的类型）。

②整除返回的结果是整数。

③整除不考虑四舍五入。

表 2-3　常用赋值运算符及示例

| 赋值运算符 | 说　明 | 示　例 | 等价形式 |
|---|---|---|---|
| = | 等：将右值赋给左值 | a=b | a=b |
| += | 加等：将左值加上右值的和赋给左值 | a+=b | a=a+b |
| −= | 减等：将左值减去右值的差赋给左值 | a−=b | a=a−b |
| *= | 乘等：将左值乘以右值的积赋给左值 | a*=b | a=a*b |
| /= | 除等：将左值除以右值的商赋给左值 | a/=b | a=a/b |
| //= | 整除等：将左值整除右值的商的整数部分赋给左值 | a//=b | a=a//b |
| %= | 取余等：将左值除以右值的余数赋给左值 | a%=b | a=a%b |
| **= | 幂等：将左值的右值次方的结果赋给左值 | a**=b | a=a**b |

（3）比较运算符

比较运算符也称为“关系运算符“，主要用于比较大小，运算结果为布尔型。当关系表达式成立时，运算结果为 True；当关系表达式不成立时，运算结果为 False。Python 中常用的比较运算符及示例见表 2-4。

表 2-4　常用比较运算符及示例

| 比较运算符 | 说　明 | 示　例 |
|---|---|---|
| == | 等于 | 3==5，结果为 False |
| != | 不等于 | 3!=5，结果为 True |
| > | 大于 | 3>5，结果为 False |
| < | 小于 | 3<5，结果为 True |
| >= | 大于等于 | 3>=5，结果为 False |
| <= | 小于等于 | 3<=5，结果为 True |

（4）逻辑运算符

逻辑运算符包括 and、or、not，分别表示逻辑与、逻辑或、逻辑非，运算的结果是布尔值 True 或 False。Python 中常用的逻辑运算符及示例见表 2-5。

表 2-5　常用逻辑运算符及示例

| 逻辑运算符 | 说　明 | 示　例 |
|---|---|---|
| and | 当用 and 运算符连接两个操作数时，若左操作数的布尔值为 False，则返回左操作数或其计算结果（若为表达式），否则返回右操作数的执行结果 | 3-3 and 5，结果为 0<br>3-4 and 5，结果为 5 |
| or | 当用 or 运算符连接两个操作数时，若左操作数的布尔值为 True，则返回左操作数，否则返回右操作数或其计算结果（若为表达式） | 2+3 or None，结果为 5<br>0 or 3+5，结果为 8 |
| not | 当用 not 运算符时，若操作数的布尔值为 False，则返回 True，否则返回 False | not(3−5)，结果为 False<br>not(False)，结果为 True |

（5）成员运算符

Python 提供了成员运算符，用于测试给定值是否在序列（列表、字符串等）中。

Python 中常用的成员运算符及示例见表 2-6，其中，a = “c”，b = “Python”。

**表 2-6　常用成员运算符及示例**

| 运算符 | 说明 | 示例 |
|---|---|---|
| in | 如果指定元素在序列中，返回 True，否则返回 False | a in b，结果为 False |
| not in | 如果指定元素不在序列中，返回 True，否则返回 False | a not in b，结果为 True |

### （6）身份运算符

身份运算符有两个：is、is not，主要用于判断两个标识符是否引用同一个对象，运算结果为布尔值。Python 中常用的身份运算符及示例见表 2-7。

> **小贴士：**
> is 与 == 的区别：is 用于判断两个变量引用对象是否为同一个（同一块内存空间）。is 要作两个比较：内容是否相同，地址是否相同。而 == 用于判断引用变量的值是否相等。

**表 2-7　常用身份运算符及示例**

| 运算符 | 说明 | 示例 |
|---|---|---|
| is | 判断两个标识符是不是引用自一个对象 | a is b，类似 id(a)==id(b)，如果引用的是同一个对象则返回 True，否则返回 False |
| is not | 判断两个标识符是不是引用自不同对象 | a is not b，类似 id(a)!=id(b)，如果引用的不是同一个对象则返回 True，否则返回 False |

身份运算符示例如图 2-3 所示。

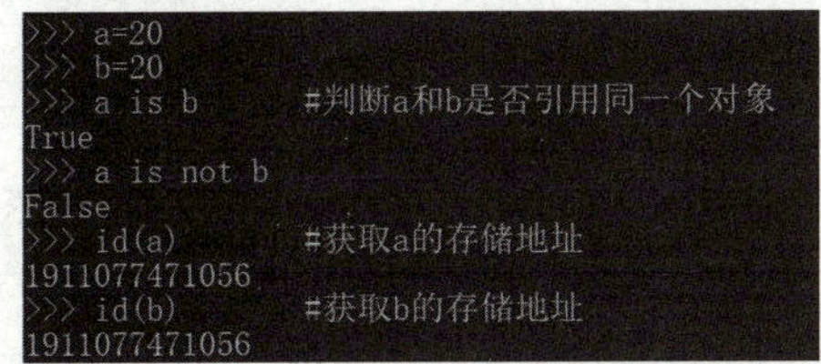


**图 2-3　身份运算符示例**

## 3. 运算符的优先级

表达式中的运算符是存在优先级的。优先级就是当多个运算符同时出现在一个表达式中时，先执行哪个运算符。运算符的优先级见表 2-8。在表达式中，可以使用括号 () 改变运算次序。括号中的表达式首先会优先被计算。

**表 2-8　运算符的优先级**

| 优先次序 | 运算符 | 说明 |
|---|---|---|
| 1 | ** | 幂（乘方） |
| 2 | ~、+X、-X | 按位取反、一元加法 / 减法 |
| 3 | *、/、%、// | 乘法、除法、取余、取整除 |
| 4 | +、- | 加法、减法 |
| 5 | <<、>> | 按位左移、按位右移 |
| 6 | & | 按位与 |
| 7 | ^ | 按位异或 |
| 8 | \| | 按位或 |

续表

| 优先次序 | 运 算 符 | 说　明 |
|---|---|---|
| 9 | <=、<、>、>= | 比较运算符 |
| 10 | ==、!= | 等于运算符 |
| 11 | =、+=、-=、*=、/=、%=、//= | 赋值运算符 |
| 12 | is、is not | 身份运算符 |
| 13 | in、not in | 成员运算符 |
| 14 | not | 逻辑非 |
| 15 | and | 逻辑与 |
| 16 | or | 逻辑或 |

### 4. 数字类型的转换

Python 内置了一系列可强制类型转换的函数，保证用户在有需求的情况下，将目标数据转换为指定类型。表 2-9 列出了常用数据类型转换函数。

表 2-9　Python 常用数据类型转换函数

| 函　数 | 说　明 |
|---|---|
| int() | 将浮点型、布尔类型和符合数值类型规范的字符串转换为整型 |
| float() | 将整型和符合数值类型规范的字符串转换为浮点型 |
| complex() | 将其他数值类型或符合数值类型规范的字符串转换为复数类型 |
| bool() | 将任意类型转换为布尔类型 |

## 活动实施

小张和他的团队使用运算符计算学生总分和平均分，代码如下：

```
name = input("请输入学生姓名：")
chinese = input("请输入语文成绩：")
math = input("请输入数学成绩：")
english = input("请输入英语成绩：")
computer = input("请输入计算机成绩：")
total = chinese + math + english + computer
avg = total / 4
print("学生成绩单")
print("*"*20 )                          # 复制字符串（20个"*"）
print("姓名：",name)
print("语文：",chinese)
print("数学：",math)
print("英语：",english)
print("计算机：",computer)
print("总分：",total)
print("平均分：",avg)
```

运行程序，返回的是错误信息，如图 2-4 所示。

```
请输入学生姓名：陈婷
请输入语文成绩：85
请输入数学成绩：85
请输入英语成绩：87.6
请输入计算机成绩：95
Traceback (most recent call last):
  File "D:\python教材\学生成绩单1.py", line 7, in <module>
    avg = total / 4
          ~~~~~~^~~
TypeError: unsupported operand type(s) for /: 'str' and 'int'
```

图 2-4　运行结果报错

**问题诊断：** input() 函数接收的数据默认为字符型，因此，在第 6 行代码等号右侧的计算结果是字符型，而存储平均分的变量 total 是数值型，这里就存在类型不匹配的问题，所以程序会报错。

**改进措施：** 使用类型转换函数 int() 和 float() 将各科成绩数据转换成数值型。

小张和他的团队将代码修改如下：

```
name = input("请输入学生姓名：")
chinese = input("请输入语文成绩：")
math = input("请输入数学成绩：")
english = input("请输入英语成绩：")
computer = input("请输入计算机成绩：")
total = int(chinese) + int(math) + float(english) + int(computer)
avg = total / 4
print("学生成绩单")
print("*"*20 )
print("姓名：",name)
print("语文：",chinese)
print("数学：",math)
print("英语：",english)
print("计算机：",computer)
print("总分：",total)
print("平均分：",avg)
```

运行代码，计算出总分和平均分，结果如下：

```
请输入学生姓名：陈婷
请输入语文成绩：85
请输入数学成绩：85
请输入英语成绩：87.6
请输入计算机成绩：95
学生成绩单
********************
姓名：陈婷
```

```
语文：85
数学：85
英语：87.6
计算机：95
总分：352.6
平均分：88.15
```

## 任务评价

请教师和学生填写表 2-10，对任务实施情况进行评价、反思并提出改进措施。

表 2-10 职业能力评价、反思和改进

<table>
<tr><td colspan="6">任务名称：</td></tr>
<tr><td>班级</td><td></td><td>小组　　　　姓名</td><td>日期</td><td colspan="2">年　月　日</td></tr>
<tr><td rowspan="9">职业能力评价</td><td colspan="2">能　力</td><td>自评</td><td>组内互评</td><td>教师评</td></tr>
<tr><td>自我管理能力（20 分）</td><td>1. 出勤情况。<br>2. 遵守纪律情况。<br>3. 任务完成情况，有无提问记录。<br>4. 主动参与活动情况</td><td></td><td></td><td></td></tr>
<tr><td>合作交流能力（10 分）</td><td>1. 能够使用文明礼貌用语，有效地沟通。<br>2. 能够与组员主动交流，积极合作</td><td></td><td></td><td></td></tr>
<tr><td>解决问题能力（10 分）</td><td>1. 能够有效获取和使用信息资源。<br>2. 能够客观分析任务，发现并解决问题</td><td></td><td></td><td></td></tr>
<tr><td>任务创新能力（10 分）</td><td>1. 能够提出有价值的观点和建议。<br>2. 能够举一反三，运用不同的方法完成任务</td><td></td><td></td><td></td></tr>
<tr><td>综合能力（50 分）</td><td>1. 任务结果完整，并按要求命名和存放。<br>2. 能够很好理解任务的相关知识点，熟练完成任务操作。<br>3. 能有效地参与任务评价</td><td></td><td></td><td></td></tr>
<tr><td colspan="2">合计得分</td><td></td><td></td><td></td></tr>
<tr><td colspan="2">总评得分</td><td colspan="3"></td></tr>
<tr><td colspan="5">注：总评得分 = 自评合计得分 × 20% + 组内互评合计得分 × 20% + 教师评合计得分 × 60%</td></tr>
<tr><td rowspan="3">反思与改进</td><td colspan="5">1. 你认为本任务最有价值的内容是：</td></tr>
<tr><td colspan="5">2. 下列问题需要进一步了解或得到帮助：</td></tr>
<tr><td colspan="5">3. 为使学习更有效，你对本任务教学的建议是：</td></tr>
</table>

# 拓展任务　给学生成绩单自动添加文件头注释

给学生成绩单自动添加文件头注释

视频内容：
① 什么是文件模板？
② 如何设置 Python 文件模板？
③ 预定义变量。
④ 给学生成绩单自动添加文件头注释。

## 任务描述

小张和他的团队发现，在实际编写 Python 文件时，为了方便他人阅读和维护，通常可以在文件顶部添加头部注释，包含如文件名称、文件的功能说明、创建时间、作者信息、版本号等信息。头部注释可以让其他人快速了解这个文件的作用以及相关信息，也便于代码的管理和维护。

但是每次新建文件时都需要手动去添加作者、创建日期等信息不仅效率低还可能存在输入准确性等问题，有什么方法可以解决这个问题呢？他们把这个情况反馈给了王经理。

## 任务分析

王经理建议小张和他的团队可以了解一下 Python 文件模板，通过设置文件模板，在新建文件时会使用模板自动生成相关信息。最终小张和他的团队通过学习与实践完成了任务，并在实践中感受到了使用模板的好处。

## 任务目标与重难点

| 任务目标 | 给学生成绩单自动添加文件头注释 |
|---|---|
| 任务重点和难点 | 使用 PyCharm 设置 Python 文件模板（重点） |
| | 预定义变量（难点） |

## 知识准备

### 1. 文件模板

文件模板是预定义的文件内容，可以为开发者提供一个开发项目或特定文件类型的基本框架。通过使用文件模板，开发者可以快速生成相同的代码结构，从而提高开发效率，确保代码的质量和风格的一致性。

### 2. 使用 PyCharm 设置 Python 文件模板

① 打开 PyCharm 后，单击“File”→“Settings”命令，如图 2-5 所示。

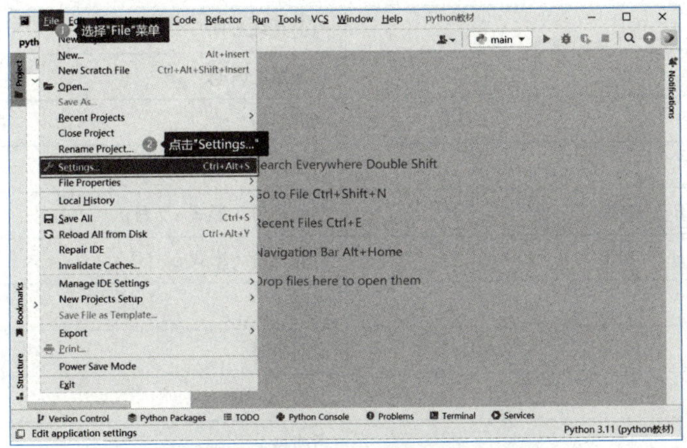


图 2-5　“File”→“Settings”菜单

②进入“Settings”设置界面，单击“Editor”→“File and Code Templates”命令，窗口右侧打开“File and Code Templates”设置界面，单击“Python Script”文件，在左侧窗口为其配置模板内容，如图 2-6 所示。

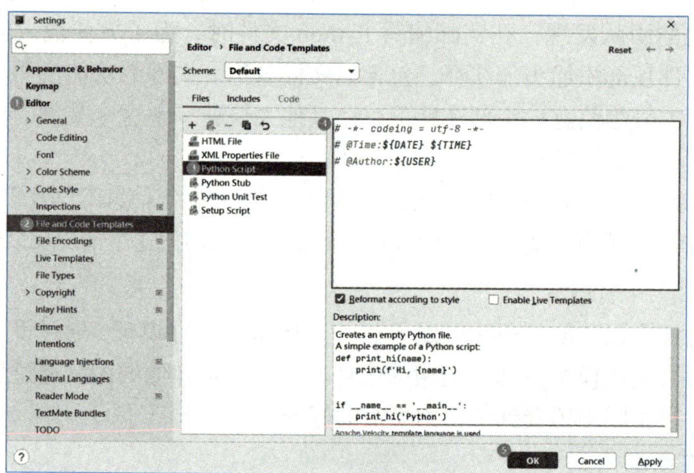


图 2-6 配置模板内容

### 3. 预定义变量

预定义变量的语法格式如下：

```
$ {<variable_name>}
```

常用的预定义变量格式及作用见表 2-11。

表 2-11 常用的预定义变量格式及作用

| 格　式 | 作　用 |
|---|---|
| ${PROJECT_NAME} | 当前项目的名称 |
| ${PRODUCT_NAME} | 创建文件的 IDE 名称 |
| ${NAME} | 当前文件名 |
| ${USER} | 当前登录的用户名 |
| ${DATE} | 当前系统日期 |
| ${TIME} | 当前系统时间 |
| ${YEAR} | 当前年份 |
| ${MONTH} | 当前月份（形式：07） |
| ${MONTH_NAME_SHORT} | 当前月份（形式：7 月） |
| ${MONTH_NAME_FULL} | 当前月份（形式：七月） |
| ${DAY} | 当天 |
| ${HOUR} | 当前小时 |
| ${MINUTE} | 当前分 |
| ${SECOND} | 当前秒 |

## 任务实施

小张和他的团队使用文件模板添加了文件头注释，如图 2-7 所示。

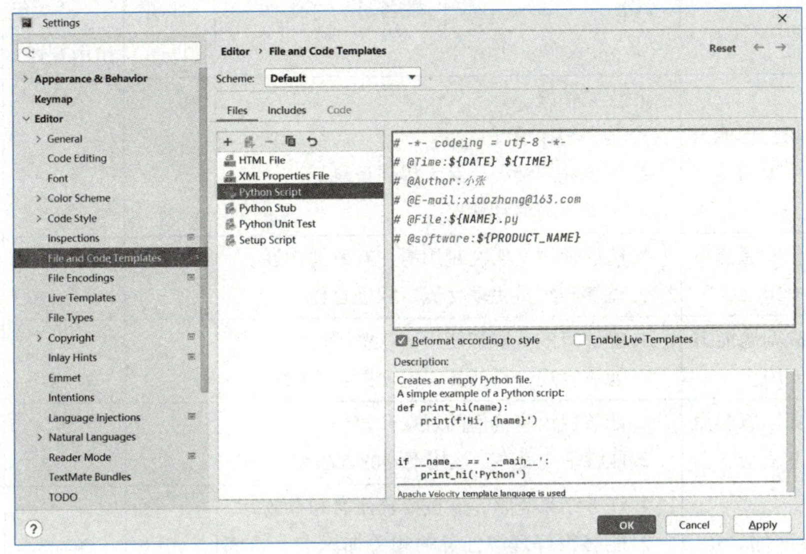

图 2-7　添加文件头注释

然而小张和他的团队打开学生成绩单文件后，却并未见文件自动添加文件头注释。

**问题诊断：** 设置文件模板后，在创建新文件时，系统会自动生成文件相关信息，而对设置文件模板前创建的文件没有影响。

**改进措施：** 先设置文件模板再创建文件。

小张和他的团队新建了一个文件，在打开后，发现新文件自动添加了文件头注释，如图 2-8 所示。

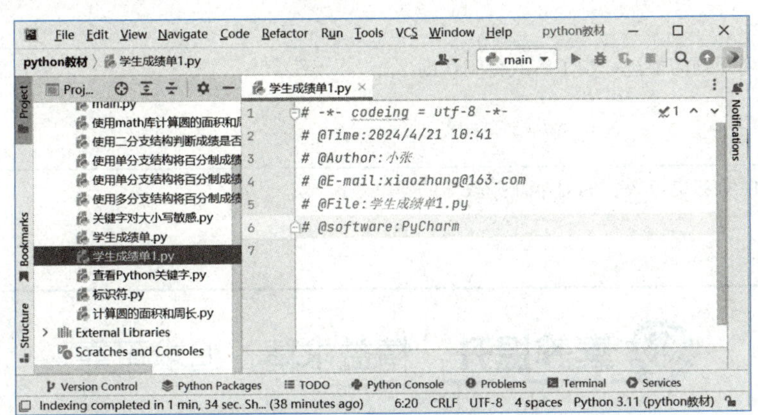

图 2-8　设置文件模板后创建的带有文件头注释的新文件

**素养园地：**

如果要给设置文件模板前创建的文件添加文件头注释，可以通过把代码复制到新建文件中或重新编写代码的方式来实现。当然，这并不是可取的，所以做好规划很重要。

## 任务评价

请教师和学生填写表 2-12，对任务实施情况进行评价、反思并提出改进措施。

表 2-12 职业能力评价、反思和改进

<table>
<tr><td colspan="9">任务名称：</td></tr>
<tr><td>班级</td><td></td><td>小组</td><td></td><td>姓名</td><td></td><td>日期</td><td colspan="2">年 月 日</td></tr>
<tr><td rowspan="9">职业能力评价</td><td colspan="5">能 力</td><td>自评</td><td>组内互评</td><td>教师评</td></tr>
<tr><td>自我管理能力<br>（20 分）</td><td colspan="4">1. 出勤情况。<br>2. 遵守纪律情况。<br>3. 任务完成情况，有无提问记录。<br>4. 主动参与活动情况</td><td></td><td></td><td></td></tr>
<tr><td>合作交流能力<br>（10 分）</td><td colspan="4">1. 能够使用文明礼貌用语，有效地沟通。<br>2. 能够与组员主动交流，积极合作</td><td></td><td></td><td></td></tr>
<tr><td>解决问题能力<br>（10 分）</td><td colspan="4">1. 能够有效获取和使用信息资源。<br>2. 能够客观分析任务，发现并解决问题</td><td></td><td></td><td></td></tr>
<tr><td>任务创新能力<br>（10 分）</td><td colspan="4">1. 能够提出有价值的观点和建议。<br>2. 能够举一反三，运用不同的方法完成任务</td><td></td><td></td><td></td></tr>
<tr><td>综合能力<br>（50 分）</td><td colspan="4">1. 任务结果完整，并按要求命名和存放。<br>2. 能够很好理解任务的相关知识点，熟练完成任务操作。<br>3. 能有效地参与任务评价</td><td></td><td></td><td></td></tr>
<tr><td colspan="5">合 计 得 分</td><td></td><td></td><td></td></tr>
<tr><td colspan="5">总 评 得 分</td><td colspan="3"></td></tr>
<tr><td colspan="8">注：总评得分 = 自评合计得分 × 20% + 组内互评合计得分 × 20% + 教师评合计得分 × 60%</td></tr>
<tr><td rowspan="3">反思与改进</td><td colspan="8">1. 你认为本任务最有价值的内容是：</td></tr>
<tr><td colspan="8">2. 下列问题需要进一步了解或得到帮助：</td></tr>
<tr><td colspan="8">3. 为使学习更有效，你对本任务教学的建议是：</td></tr>
</table>

## 素养提升 精益求精，追求可靠

小张和他的团队成员通过程序来计算两个浮点数的积，代码如下：

```
a = 1.1234567895
b = 2.2145678951
print(a*b)
```

程序运行结果如下：

```
2.487971337558819
```

请你帮他们检查一下程序及运行结果是否存在问题。

存在问题：

---

**小贴士：**

Python 最长可输出浮点型的 17 个数字，一旦浮点型数据的位数超过 17 位，之后的数据就会被截断，导致结果存在一定的偏差。

**问题解析：**

程序的计算结果不准确。

变量 a 和 b 的最后一位分别是 5 和 1，计算结果的最后一位应是 5，而程序输出结果的最后一位是 9。

**问题思考：**

要想实现高精度的数学运算，该怎样办呢？

**问题解析：**

decimal 库是 Python 的标准库，提供了一个更精确的数字类型 Decimal，它采用整数运算方法实现高精度浮点数运算。此外，在 decimal 库中还可以使用 getcontext().prec 自定义浮点数精度的位数。

修改程序，并使用 getcontext().prec 设置浮点数的精度为 30 位，代码如下：

```
import decimal
a = decimal.Decimal('1.1234567895')
b = decimal.Decimal('2.2145678951')
decimal.getcontext().prec = 30
print(a*b)
```

程序运行结果如下：

```
2.48797133755881878145
```

**素养园地：**

精益求精，追求可靠。无论是在理论研究还是实际应用，数值的精确度和准确性都是至关重要的。编写程序不仅仅是要培养编程能力和逻辑思维能力，更重要的是要从点滴做起，要有执着专注、精益求精、一丝不苟、追求卓越的工匠精神。

## 项目总结

本项目首先通过微视频讲解了缩进、行的最大长度、标识符、关键字和标识符命名规范等 Python 的代码规范。之后介绍了 Python 的变量、数据类型、运算符及优先级等内容。通过本项目的学习，希望大家能熟练掌握 Python 基础语法知识，熟悉程序设计的流程与编写程序的基本方法。

## 巩固与应用

### 1. 单选题

① Python 使用（　　）符号表示单行注释。

A. \　　B. #　　C. {}　　D. &

② 下列数据类型中，Python 不支持的是（　　）。

A. char　　B. int　　C. float　　D. list

请使用微信“扫一扫”扫码进行课后小测

③ Python 的运算符中 ** 的作用是（　　）。

A. 非法符号　　B. 幂运算　　C. 乘法运算　　D. 操作数取平方

④ 下列选项中，可作为变量名的是（　　）。

A. true　　B. 2_ab　　C. False　　D. with

⑤ Python 语句 print(0.1+0.2==0.3) 的输出结果是（　　）。

A. 0　　B. −1　　C. True　　D. False

⑥ 下列关于字符串的定义中，错误的是（　　）。

A. '''helloPython'''　　B. 'helloPython'

C. "helloPython"　　D. [helloPython]

⑦ 下列关于 Python 中复数的说法中，错误的是（　　）。

A. 表示复数的语法是 real + imagej

B. 实部和虚部都是浮点数

C. 虚部必须后缀 j，且必须是小写

D. 方法 conjugate 返回复数的共轭复数

⑧ 如果 a=1，则表达式 not a 的值是（　　）。

A. −1　　B. −2　　C. True　　D. False

⑨ 下面代码的输出结果是（　　）。

```
x = 12.34
print(type(x))
```

A. <class 'int'>　　B. <class 'float'>

C. <class 'bool'>　　D. <class 'complex'>

⑩ 下列选项中，能作为 Python 程序变量名的是（　　）。

A. s%1　　B. 3stu　　C. while　　D. Dist

⑪ 运行下列 Python 程序，正确的结果是（　　）。

```
a=18
b=7
c=a%b
b=a%b
print(a,b)
```

A. 18 5　　B. 5 18　　C. 18 4　　D. 4 18

## 2. 多选题

① Python 标识符的命名规则是（　　）。

A. 标识符由字母、数字、下划线组成

B. 标识符可以由数字开头

C. 标识符区分大小写

D. 标识符没有长度限制

E. 标识符不能使用计算机中的关键字

② 比较运算符包括（　　）。

A. >　　B. >=　　C. <　　D. <=

E. ==　　F. !=

③ Python 常用的数据类型有（　　）。

A. int　　B. float　　C. complex　　D. bool

### 3. 判断题

① Python 变量的命名遵循标识符的命名规则。（　　）

② and、or、not 是逻辑运算符，运算结果是 0 或 1。（　　）

③ str() 函数表示把 x 转换为整型。（　　）

④ Python 中的多行语句可以使用反斜杠来实现。（　　）

⑤ 3+4j 是合法的 Python 数字类型。（　　）

⑥ 关系运算符 <、<= 和 >、>= 的优先级不同。（　　）

⑦ 表达式“1/3”的结果是 0。（　　）

⑧ 表达式“1//3”的结果是 0。（　　）

⑨ “is”关键字用于比较两个变量的值是否相同。（　　）

⑩ “==”运算符用于比较两个变量的值和数据类型是否相同。（　　）

### 4. 程序设计题

① 已知任意一个三角形的三条边，求三角形的面积。

② 逛超市购物结账的时候，商家都会给顾客回馈一张清单小票，票面上的金额往往会精确到角或分。大部分商家通常会采用四舍五入的原则进行结算，不过有些商家为了让利顾客，会将小数点后面的数字金额全部抹零。请编写程序模拟收银抹零行为。

③ 请采用简便的方式输出如下线条：

```
---*---*---*---*---*---*---*---*---*---*---*---*
```

# 项目3
# 转换学生成绩

## 项目综述

项目导读

### 项目导读

东华职业技术学院开展了一次期末考试，考试成绩是用百分制登记的。为了统计分析学生成绩等级情况，如90分及以上为优秀，80～89分为良好，70～79分为中等，60～69分为及格，60分以下为不及格，学校委托华信智能技术有限公司来完成此次成绩的转换任务。公司王经理把这项任务交给了小张和他的团队。王经理建议他们可先使用分支结构转换单个学生成绩，再通过循环结构转换多个学生成绩。

| 知识目标 | 能力目标 | 素质目标 |
| --- | --- | --- |
| ◎了解程序表示方法；<br>◎掌握分支结构的使用方法；<br>◎掌握循环结构的使用方法；<br>◎熟悉 Python 异常处理方式 | ◎能使用程序流程图描述程序；<br>◎能使用分支结构编写程序；<br>◎能使用循环结构编写程序；<br>◎能处理程序中的异常 | ◎培养学生分析问题，解决实际问题的能力；<br>◎培养学生团队合作的能力；<br>◎培养学生发现美、创造美的能力 |

### 项目导图

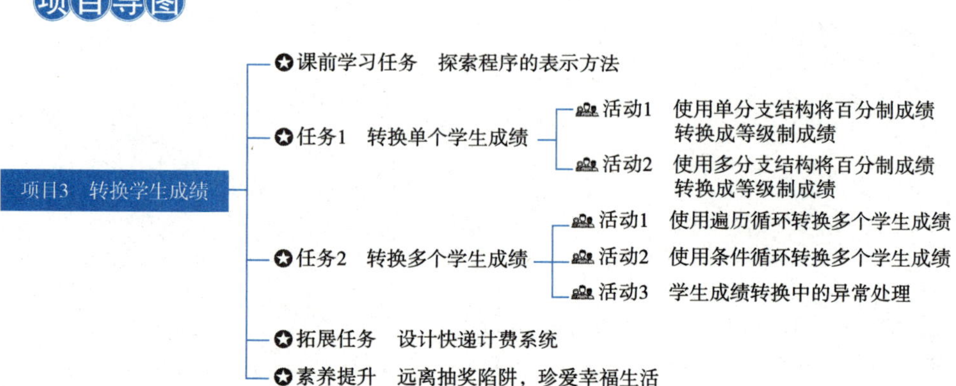

# 课前学习任务

扫一扫侧边二维码观看课前学习视频，并完成下面的题目。

探索程序的表示方法

视频内容：
① 程序的表示方法。
② 自然语言。
③ 伪代码。
④ 流程图。

请使用微信“扫一扫”扫码答题

## 1. 单选题

① 以下选项，不属于程序流程图基本元素的是（　　）。

A. 循环框　　B. 连接点
C. 判断框　　D. 起始框

② 以下所画四个流程图是已知直角三角形两直角边 $a$、$b$，求斜边 $c$ 的算法，其中正确的是（　　）。

A. 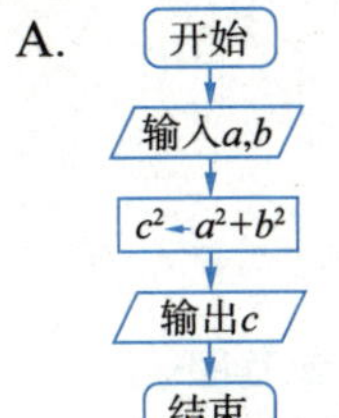


B. 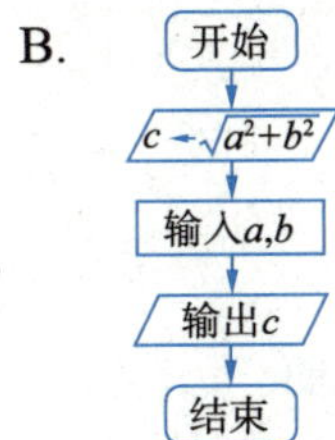


C. 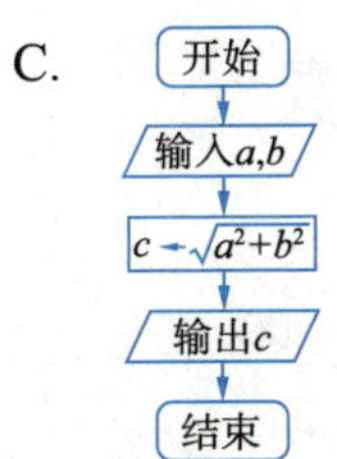


D. 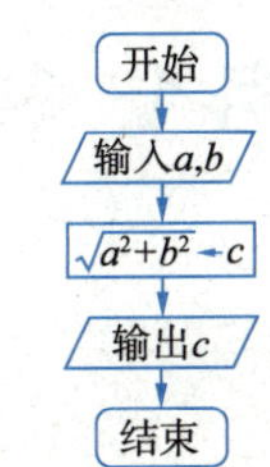


③ 流程图符号常用的名称包括（　　）。

A. 起止框
B. 输入、输出框
C. 处理框、判断框、连接点、流向线
D. 所列选项都包括

④ 计算机程序流程图中，用（　　）表示判断。

A. 圆角矩形　　B. 平行四边形
C. 矩形　　D. 菱形

⑤ 某程序流程图如图 3-1 所示，该程序运行后输出的 $k$ 值是（　　）。

A. 4　　B. 5
C. 6　　D. 7

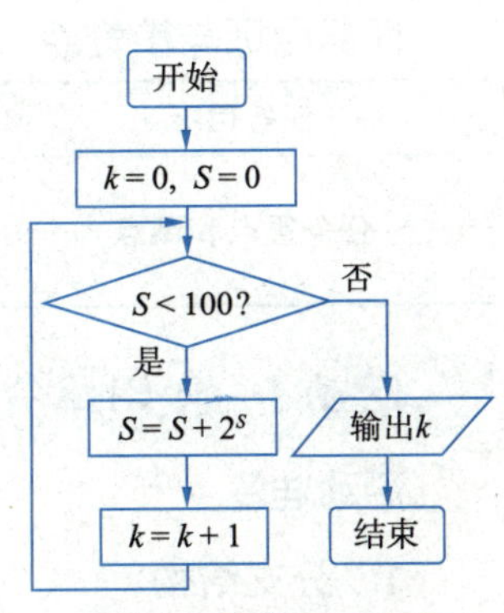


图 3-1　第⑤题流程图

## 2. 多选题

程序流程图包括（　　）。

A. 流向线　　B. 处理框
C. 判断框　　D. 起止框

### 3. 填空题

① 执行图 3-2 所示的程序流程图，若输入的 $a$=6，则输出的 $S$ 值为________。

② 执行图 3-3 所示的程序流程图，输出的 $n$ 值为________。

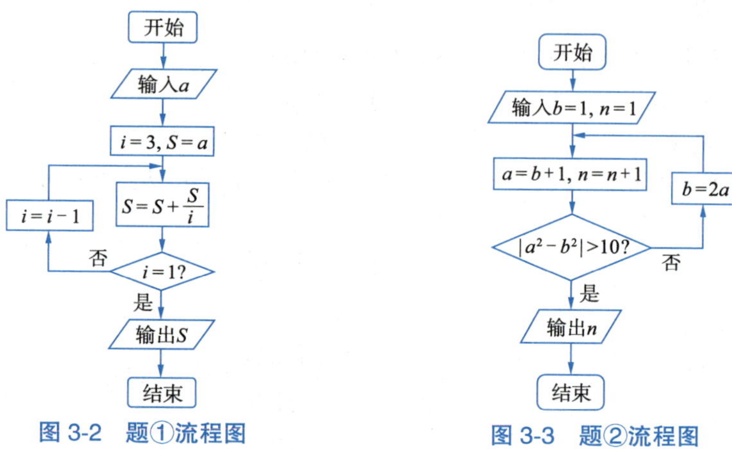


图 3-2　题①流程图　　图 3-3　题②流程图

## 任务 1　转换单个学生成绩

### 任务描述

考试成绩一般都是用百分制登记的，但有时需要将百分制成绩转换为等级制，如 90 分及以上为优秀，80 ～ 89 分为良好，70 ～ 79 分为中等，60 ～ 69 分为及格，60 分以下为不及格。那么，如何能快速实现成绩的转换呢？小张和他的团队经过讨论认为对于如上述需要先做判断再进行选择的问题或任务可以使用分支结构。

### 任务分析

要完成转换学生成绩的任务，首先要了解什么是分支结构、单分支结构、多分支结构、判断条件及组合判断条件，进而通过相关内容的学习达成任务的实现。

### 任务目标与重难点

| 任务目标 | 使用分支结构将百分制成绩转换成等级制成绩 |
|---|---|
| 任务重点和难点 | 掌握分支结构的使用方法（重点） |
| | 熟练应用多分支结构编写程序（难点） |

使用单分支结构将百分制成绩转换成等级制成绩

视频内容：

① 分支结构。
② 单分支结构。
③ 判断条件。
④ 组合判断条件。
⑤ 使用单分支结构将百分制成绩转换成等级制成绩。

### 活动 1　使用单分支结构将百分制成绩转换成等级制成绩

### 活动准备

#### 1. 分支结构

分支结构又称选择结构，是一种根据判断条件的结果选择不同执行路径的结构。

根据分支的数量，分支结构分为单分支结构、二分支结构和多分支结构。

### 2. 单分支结构：if 语句

单分支结构是最简单的分支结构。它只包含一个判断条件，当这个条件满足时，程序会执行这个分支相应的语句体，否则会跳过这个分支。

在 Python 中，实现单分支结构使用的是 if 语句。单分支 if 语句由关键字 if、判断条件、冒号、表达式结果为真（包括非零、非空）时要执行的语句体四部分组成。其语法格式如下：

```
if 判断条件:
    语句体
```

需要注意的是：语句体既可以包含多条语句，也可以只由一条语句组成。当语句体由多条语句组成时，要有统一的缩进形式，否则可能会出现逻辑错误或导致语法错误的情况。

使用单分支结构判断成绩是否合格。如果成绩大于等于 60 则表示及格，并输出成绩及格。代码如下：

```
score = float(input('请输入成绩（0~100）：'))
print('------------if判断开始------------')
if score >= 60:
    print('成绩及格')
print('------------if判断结束------------')
```

运行程序，在控制台提示信息后输入 90，按【Enter】键后程序运行结果如下：

```
请输入成绩（0~100）：90
------------if判断开始------------
成绩及格
------------if判断结束------------
```

**问题思考 1：**

能否将上述代码第 5 行中的 print 进行缩进？

**问题解析：**

不能。对第 5 行代码做了缩进，它就属于 if 语句体里的语句了，这时，当输入的成绩大于等于 60 时，显示的运行结果似乎与未缩进时一样，但当输入的成绩小于 60 时，因不满足 if 的判断条件，if 语句体里的语句不会被执行，运行程序时将看不到“if 判断结束”。

再次运行程序，在控制台提示信息后输入 50，按【Enter】键后程序运行结果如下：

```
请输入成绩（0~100）：50
------------if判断开始------------
------------if判断结束------------
```

**小贴士：**
单分支结构中的代码段只有“执行”与“跳过”两种情况。

**小贴士：**
代码段与 if 语句之间通过缩进形成逻辑关联。

**小贴士：**
Python 是根据缩进来决定语句体的所属范围的。错误的缩进形式，会导致逻辑错误或语法错误等情况。

**小贴士：**
因为判断条件成立，所以程序执行了语句体中的语句。

**小贴士：**
因为判断条件不成立，所以程序没有执行语句体中的语句，而是跳过分支，继续执行其后的代码。

**问题思考 2:**

如果想实现当成绩大于等于 60 分时显示成绩及格，成绩小于 60 分时显示成绩不及格任务，该怎样实现呢?

**问题解析:**

```
score = float(input('请输入成绩(0-100): '))
print('------------if判断开始------------')
if score >= 60:
    print('成绩及格')
if score < 60:
    print('成绩不及格')
print('------------if判断结束-------------')
```

### 3. 判断条件

判断条件是分支结构的核心。判断条件可以是具有布尔属性的任意元素，包括数据、变量或由变量与运算符组成的表达式。若其布尔属性为 True，条件成立；若其布尔属性为 False，条件不成立。

**小贴士:**

Python 中任意非零的数值、非空的数据类型的布尔属性为 True；0 或空类型的布尔属性为 False。元素的布尔属性可以使用 bool() 函数查看。

除了非空常量外，Python 还常使用关系运算符和成员运算符构成判断条件，具体见表 3-1。

**小贴士:**

在关系运算符中需要注意的是数学里的等号在 Python 语言中相当于赋值号，两个数学里的等号才相当于 Python 语言中的等号。同时也注意一下其他关系运算符与数学写法中的区别。

表 3-1　关系运算符及成员运算符

| 分　类 | 运 算 符 | 数 学 符 号 | 操作符含义 |
|---|---|---|---|
| 关系运算符 | == | = | 等于 |
| | != | ≠ | 不等于 |
| | > | > | 大于 |
| | < | < | 小于 |
| | >= | ⩾ | 大于等于 |
| | <= | ⩽ | 小于等于 |
| 成员运算符 | in | ∈ | 存在 |
| | not in | ∉ | 不存在 |

### 4. 组合判断条件

Python 支持通过保留字 not、and 和 or 对判断条件进行逻辑组合。

① not：表示单个条件的“否”关系。如果“条件”的布尔属性为 True，“not 条件”的布尔属性就为 False；如果“条件”的布尔属性为 False，“not 条件”的布尔属性就为 True。

② and：表示多个条件之间的“与”关系。当且仅当使用 and 连接的所有条件的布尔属性都为 True 时，逻辑表达式的布尔属性为 True，否则为 False。

③ or：表示多个条件之间的“或”关系。当且仅当使用 or 连接的所有条件的布尔属性都是 False 时，逻辑表达式的布尔属性为 False，否则为 True。

**问题思考：**

成绩大于等于 80 并且小于 90 的判断条件怎样表示？

**问题解析：**

基于组合判断条件，对于成绩大于等于 80 并且小于 90 的判断条件我们可以表示为：

```
score >= 80 and score < 90
```

### 活动实施

小张和他的团队使用单分支结构来完成该任务，将百分制成绩转换为等级制。代码如下：

```
score = float(input("请输入成绩："))
if score < 0  or score > 100:                    # 成绩范围在0~100之间
    print("输入错误！")
if score >= 90 and score <= 100:                 # 90分以上为优秀
    print("优秀")
if score >= 80 and score < 90:                   # 80分以上为良好
    print("良好")
if score >= 70 and score < 80:                   # 70分以上为中等
    print("中等")
if score >= 60 and score < 70:                   # 60分以上为及格
    print("及格")
if score < 60 and score >= 0:                    # 60分以下为不及格
    print( “不及格” )
```

程序运行结果如下：

```
请输入成绩：95
优秀
```

**问题思考：**

使用单分支结构实现将百分制成绩转换成等级制成绩这种写法好不好，为什么？

**问题解析：**

这种写法不好。在上面的程序中是非此即彼的关系，然而在单分支结构中，无论程序的第 1 个 if 条件是否成立，后面的 if 结构总是会被执行，如此就出现了冗余，降低了程序的执行效率。可以掌握并使用多分支结构解决此问题。

使用多分支结构将百分制成绩转换成等级制成绩

**视频内容：**

① 二分支结构。

② 使用二分支结构判断成绩是否合格。

③ 多分支结构。

④ 使用多分支结构判断成绩是否合格。

⑤ 使用多分支结构将百分制成绩转换成等级制成绩。

## 活动 2　使用多分支结构将百分制成绩转换成等级制成绩

### 活动准备

#### 1. 二分支结构：if...else 语句

二分支结构是在单分支结构的基础上加上 else 关键字及其语句体。二分支结构根据条件的真假来执行不同的语句体，其语法格式如下：

```
if 判断条件:
    语句体1
else:
    语句体2
```

说明：

■ 若 if 语句中的判断条件成立，执行语句体 1。

■ 若判断条件不成立，则执行语句体 2。

■ 二分支结构只有一个判断条件，根据判断条件的结果在两段代码中选择一段语句体执行。

使用二分支结构判断考试成绩是否合格。当成绩大于等于 60 分时输出成绩及格，否则输出成绩不及格，代码如下：

```
score = float(input("请输入成绩 (0~100): "))
if score >= 60 and score <= 100:
    print("成绩及格")
else:
    print( "成绩不及格" )
```

运行程序后，在控制台提示信息后输入 90，按【Enter】键后程序运行结果如下：

```
请输入成绩 (0~100): 90
成绩及格
```

再次运行程序，在控制台提示信息后输入 50，程序运行结果如下：

```
请输入成绩 (0~100): 50
成绩不及格
```

**问题思考：**

对比单分支结构，此程序在一定程度上降低了代码的冗余，提高了程序运行效率，使程序得到了优化，但此程序逻辑存在问题。程序只要不满足 if 条件，只要接收的输入不是 60 ～ 100 之间的数，都会执行 else 语句体里的内容“成绩不及格”。

```
请输入成绩
(0~100): 105
成绩不及格
```

**解决方案：**

掌握多分支结构的使用方法，并解决此问题。

**小贴士：**

多分支结构中条件比较多，各分支为互斥关系，但判断条件可能存在包含关系，这时需要注意判断条件的先后顺序。

### 2. 多分支结构：if…elif…else 语句

多分支结构可以连接多个判断条件，产生多个分支，但各个分支之间存在互斥关系，最终至多有一个分支被执行。多分支结构由 if、一个或多个 elif 和一个 else 子块组成，其中 else 子块可省略。一个 if 语句可以包含多个 elif 语句，但结尾最多只能有一个 else 语句，其语法格式如下：

```
if 判断条件1:
    语句体1
elif 判断条件2:
    语句体2
…
elif 判断条件n:
    语句体n
else:
    语句体n+1
```

进入多分支结构后，先判断 if 语句中的条件，若条件满足则在执行完语句体 1 后跳出分支结构；若不满足则继续判断 elif 语句中的条件，在满足条件时执行相应语句体；若所有条件都不满足，执行 else 语句之后的语句体。多分支结构的流程图如图 3-4 所示。

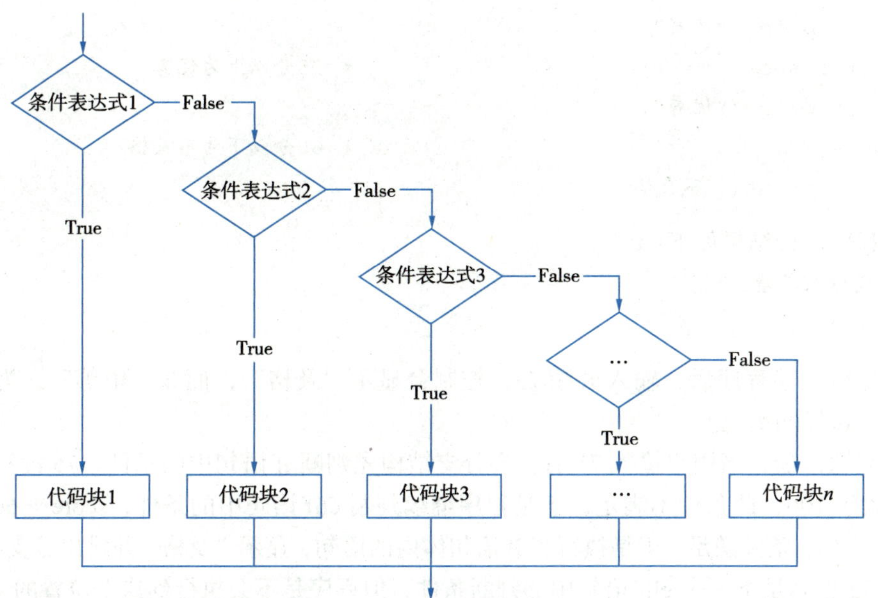


图 3-4　多分支结构的流程图

使用多分支结构判断考试成绩是否合格，代码如下：

```
score = float(input("请输入成绩（0~100）："))
if score >= 60 and score <= 100:
    print("成绩及格")
elif score >= 0 and score < 60:
    print("成绩不及格")
else:
    print（"输入内容不正确"）
```

运行程序后，在控制台提示信息后输入 105，按【Enter】键后程序运行结果如下：

```
请输入成绩（0~100）：105
输入内容不正确
```

### 活动实施

小张和他的团队使用多分支结构来完成该任务，将百分制成绩转换为等级制成绩。代码如下：

```
score = float(input("请输入成绩："))
if score < 0  or score > 100:          # 成绩范围不在0~100之间
    print("输入错误！")
elif score >= 60:                      # 60分以上为及格
    print("及格")
elif score >= 70:                      # 70分以上为中等
    print("中等")
elif score >= 80:                      # 80分以上为良好
```

```
        print("良好")
    elif score >= 90:                         # 90分以上为优秀
        print("优秀")
    else:                                     # 60分以下为不及格
        print( "不及格" )
```

程序运行结果如下：

```
请输入成绩：75
及格
```

运行上述程序后，输入成绩 75，控制台显示“及格”，而非“中等”，为什么会出现这样的情况？

问题诊断：当用户输入 75 后，多分支结构先判断 if 语句中的条件，75 没有小于 0 或大于 100，此条件不满足，于是程序继续判断 elif 语句中的条件，score > 60，而 75 大于 60，条件满足，于是执行了其语句体内的语句，显示“及格”并跳出分支结构。虽然 75 也满足下一个 elif 语句中的判断条件，但程序是不会执行到这个位置的。

> **小贴士：** 判断条件是分支结构的核心。条件决定程序的流向，当分支中的条件存在包含关系时，条件的先后顺序会影响程序的逻辑，因此，在使用分支结构时应着重注意判断条件，程序编写完成后亦应进行测试，以保证程序能够实现预期的功能。

改进措施：修改后的代码如下。

```
score = float(input("请输入成绩："))
if score < 0  or score > 100:                 # 成绩范围不在0~100之间
    print("输入错误！")
elif score >= 90:                             # 90分以上为优秀
    print("优秀")
elif score >= 80:                             # 80分以上为良好
    print("良好")
elif score >= 70:                             # 70分以上为中等
    print("中等")
elif score >= 60:                             # 60分以上为及格
    print("及格")
else:                                         # 60分以下为不及格
    print( "不及格" )
```

程序运行结果如下：

```
请输入成绩：75
中等
```

## 任务评价

请教师和学生填写表 3-2，对任务实施情况进行评价、反思并提出改进措施。

表 3-2　职业能力评价、反思和改进

<table>
<tr><td colspan="6">任务名称：</td></tr>
<tr><td>班级</td><td></td><td>小组　　　　姓名</td><td>日期</td><td colspan="2">年　月　日</td></tr>
<tr><td rowspan="8">职业能力评价</td><td colspan="2">能　力</td><td>自评</td><td>组内互评</td><td>教师评</td></tr>
<tr><td>自我管理能力<br>（20 分）</td><td>1. 出勤情况。<br>2. 遵守纪律情况。<br>3. 任务完成情况，有无提问记录。<br>4. 主动参与活动情况</td><td></td><td></td><td></td></tr>
<tr><td>合作交流能力<br>（10 分）</td><td>1. 能够使用文明礼貌用语，有效地沟通。<br>2. 能够与组员主动交流，积极合作</td><td></td><td></td><td></td></tr>
<tr><td>解决问题能力<br>（10 分）</td><td>1. 能够有效获取和使用信息资源。<br>2. 能够客观分析任务，发现并解决问题</td><td></td><td></td><td></td></tr>
<tr><td>任务创新能力<br>（10 分）</td><td>1. 能够提出有价值的观点和建议。<br>2. 能够举一反三，运用不同的方法完成任务</td><td></td><td></td><td></td></tr>
<tr><td>综合能力<br>（50 分）</td><td>1. 任务结果完整，并按要求命名和存放。<br>2. 能够很好理解任务的相关知识点，熟练完成任务操作。<br>3. 能有效地参与任务评价</td><td></td><td></td><td></td></tr>
<tr><td colspan="2">合 计 得 分</td><td></td><td></td><td></td></tr>
<tr><td colspan="2">总 评 得 分</td><td colspan="3"></td></tr>
<tr><td></td><td colspan="5">注：总评得分 = 自评合计得分 × 20% + 组内互评合计得分 × 20% + 教师评合计得分 × 60%</td></tr>
<tr><td rowspan="3">反思与改进</td><td colspan="5">1. 你认为本任务最有价值的内容是：</td></tr>
<tr><td colspan="5">2. 下列问题需要进一步了解或得到帮助：</td></tr>
<tr><td colspan="5">3. 为使学习更有效，你对本任务教学的建议是：</td></tr>
</table>

# 任务 2　转换多个学生成绩

## 任务综述

### 任务描述

使用分支结构能实现学生成绩从百分制到等级制的转换，但一次只能转换一个学生的成绩，效率并不高。如果需要一次转换多个学生成绩，该怎么办呢？小张和团队成员经过讨论认为转换多个学生成绩，其实就是反复执行转换一个学生成绩的过程。要完成转换多个学生成绩的任务，可以使用循环结构，通过重复执行代码，提高数据的处理效率。

### 任务分析

由于转换多个学生成绩是反复执行某段程序的过程，因此需要理解循环结构的概念，掌握不同循环结构的用法和区别，进而完成任务。

### 任务目标与重难点

| 任务目标 | 转换多个学生成绩 |
| --- | --- |
| 任务重点和难点 | 循环结构（重点） |
| | 异常处理（难点） |

## 活动 1　使用遍历循环转换多个学生成绩

使用遍历循环转换多个学生成绩

视频内容：

①循环结构。

②遍历循环。

③遍历字符串。

④for 循环与 range() 函数。

⑤使用遍历循环转换多个学生成绩。

小贴士：

在使用计算机进行繁复的操作时，使用遍历循环可以提升我们做事的效率，节省大量的时间，达到事半功倍的效果。

### 活动准备

**1. 循环结构**

循环结构又称重复结构，是根据条件来重复地执行某段代码或遍历目标中的元素。Python 程序中的循环结构分为遍历循环和条件循环。

**2. 遍历**

遍历是指逐一访问目标中的数据。

**3. 遍历循环：for 循环**

遍历循环是指在循环中完成对目标的遍历。Python 语言一般使用保留字 for 实现遍历循环，其语法格式如下：

```
for 循环变量 in 目标:
    循环体
```

说明：

■ 目标可以是字符串、文件、range() 函数或组合数据类型等。

■ 循环变量用于保存本次循环中访问到的遍历结构中的元素。

■ for 循环的循环次数取决于遍历的目标元素个数。

■ 循环体是一条或多条的语句序列，并且循环体中的语句与 for 所在行形成缩进，表达包含关系。

小贴士：

遍历列表的方法与遍历字符串的方法类似。

使用 for 循环遍历字符串，并逐个打印字符串中的字符，代码如下：

```
string = input("请输入一个字符串：")
for c in string:
    print(c)
```

运行程序，输入字符串“python”，程序运行结果如下：

```
请输入一个字符串：python
p
```

```
y
t
h
o
n
```

**技能应用：**

字符统计在文本分析、数据清洗和密码破解等方面都有广泛的应用。可以通过遍历字符串，并使用 isdigit() 方法和 isalpha() 方法来判断字符是数字还是字母，并根据判断结果来统计字符串中字母、数字等的个数。代码如下：

```
text = input('请输入内容：')
chars,number = 0,0
for i in text:
    if i.isdigit():
        number = number + 1
    elif i.isalpha():
        chars = chars + 1
print(F'数字有{number}个，字母有{chars}个')
```

程序运行结果如下：

```
请输入内容：Hello123
数字有3个，字母有5个
```

### 4. for 循环与 range() 函数

for 循环可以遍历 range() 函数创建的整数列表。其语法格式如下：

```
range([start,]stop[,step])
```

参数说明：

■ start：表示列表起始位置。该参数可以省略，此时列表默认从 0 开始。

■ stop：表示列表结束位置，但不包括 stop。例如，range(5)、range(0,5) 表示列表 [0,1,2,3,4]。

■ step：表示列表中元素的增幅。该参数可以省略，此时列表步长默认为 1。

range() 函数一般与 for 循环搭配使用，以控制 for 循环中代码段的执行次数。

使用 range() 函数搭配 for 循环，也可以逐个打印字符串中的字符，代码如下：

```
string = input("请输入一个字符串：")
for i in range(len(string)):
    print(string[i])
```

运行程序，输入字符串“python”，程序运行结果如下：

```
请输入一个字符串：python
p
y
t
```

**问题思考：**

遍历字符串或遍历列表，其遍历的次数取决于字符串或列表的长度。那么，固定次数的遍历可以怎样实现呢？

**小贴士：**

len() 函数是一个内置的 Python 函数，主要用于计算字符串、列表和元组等序列的长度。它返回序列的元素个数，通常被用在迭代器和循环语句中。

```
h
o
n
```

### 活动实施

小张和他的团队使用遍历循环转换多个学生成绩。代码如下：

```
n = eval(input("请输入要转换成绩的学生数："))
for i in range(n):
    score = float(input("请输入成绩："))
    if score < 0  or score > 100:    # 成绩范围不在0~100之间
        print("输入错误！")
    elif score >= 90:                # 90分以上为优秀
        print("优秀")
    elif score >= 80:                # 80分以上为良好
        print("良好")
    elif score >= 70:                # 70分以上为中等
        print("中等")
    elif score >= 60:                # 60分以上为及格
        print("及格")
    else:                            # 60分以下为不及格
        print(“不及格”)
```

程序运行结果如下：

```
请输入要转换成绩的学生数：3
请输入成绩：91
优秀
请输入成绩：45
不及格
请输入成绩：76
中等
```

**问题思考：**

在使用遍历循环转换多个学生成绩时，转换任务未结束的情况下能跳出遍历循环吗？

**解决方案：**

掌握活动 2 中循环控制的使用方法，并解决此问题。

使用条件循环转换多个学生成绩

**视频内容：**

① 条件循环。

② 使用条件循环转换多个学生成绩。

③ 循环控制。

④ 解决程序中的死循环问题。

⑤ 使用遍历循环转换多个学生成绩。

## 活动 2　使用条件循环转换多个学生成绩

### 活动准备

使用遍历循环能够实现对多个学生成绩的转换，但其是通过输入循环次数来实现的，也就是说在进行本次成绩转换之前，要知道本次需转换学生成绩的人数，这不是很灵活。此外，在转换成绩的过程中存在输入错误会导致计入循环次数的情况，也会导致转换多个学生成绩的目标不能完全实现的情况。那么，能否不设定转换的次数，而是根据实际情况来完成多个学生成绩的转换呢？这种情况下，可以使用条件循环来完成。

**1. 条件循环：while 循环**

条件循环是由条件控制的循环运行方式，当条件不满足时，循环结束。Python 语言使用保留字 while 实现条件循环，其语法格式如下：

```
while 循环条件:
    循环体
```

说明：

■ 当程序执行到 while 语句时，若循环条件为 True，则循环执行 while 循环中的循环体。

■ 若循环条件为 False，则终止 while 循环。

■ 若 while 循环的条件总是 True，这种情况称为死循环 。

使用 while 循环实现输入一个正整数，计算并输出 n 的阶乘。代码如下：

```
n = int(input("请输入一个正整数: "))
fact = 1
i = 1
while i<= n:
    fact = fact * i
    i = i + 1
print(F"{n}!={fact}")
print( "n!={}" .format(fact))
```

**问题思考：**

使用 for 循环能实现此任务吗？

**解决方案：**

```
n = int(input("请输入一个正整数: "))
fact = 1
for i in range(1,n+1):
    fact = fact * i
print(F"{n}!={fact}")
```

### 2. 循环控制

循环结构在条件满足时可一直执行。但在一些情况下，程序需要终止循环，跳出循环结构。Python 语言中提供了两个保留字 break 和 continue。

（1）break

保留字 break 的作用是从循环体内部跳出，即结束循环。

在 while 循环语句中使用 break 的语法格式如下：

```
while 循环条件:
    [循环体1]
    if 判断条件:
        break
    [循环体2]
```

在 for 循环语句中使用 break 的语法格式如下：

**小贴士：**

while 循环一般用于循环次数难以提前确定的情况，当然循环次数确定的情况下也能使用。

求阶乘的方法

**PDF 文档内容：**

① 使用 math 模块。
② 使用递归方法。
③ 使用 reduce 函数。

```
for 循环变量 in 目标:
    [循环体1]
    if 判断条件:
        break
    [循环体2]
```

（2）continue

保留字 continue 的作用是终止当前这一轮的循环，跳过本轮剩余的语句，直接进入下一轮循环。

在 while 循环语句中使用 continue 的语法格式如下：

```
while 循环条件:
    [循环体1]
    if 判断条件:
        continue
    [循环体2]
```

在 for 循环语句中使用 continue 的语法格式如下：

```
for 循环变量 in 目标:
    [循环体1]
    if 判断条件:
        continue
    [循环体2]
```

**小贴士：**

① break 和 continue 要与分支、循环语句合作使用。

② break 是跳出整个循环结构。

③ continue 是跳出本次循环结构。

例如，使用 break 语句跳转 for 循环，代码如下：

```
word = "python"
for i in word:
    if i == "o":
        break
    print(i)
```

程序运行结果如下：

```
p
y
t
h
```

使用 continue 语句跳转 for 循环，代码如下：

```
word = "python"
for i in word:
```

```
    if i == "o":
        continue
    print(i)
```

程序运行结果如下：

```
p
y
t
h
n
```

### 3. while...else

Python 的 while 循环支持使用保留字 else 产生分支。其语法格式如下：

```
while 循环条件:
    循环体1
else:
    循环体2
```

else 语句后的循环体 2 只在循环正常执行后才会执行，因此一般循环体 2 为循环执行情况的说明性语句。

下面我们进行密码验证，即获取用户输入的密码并进行验证。如果用户输入的密码与有效密码匹配，提示“验证成功”，否则提示“密码输入有误，请重新输入”，密码输入次数超过三次提示“验证失败”。代码如下：

```
MAX_NUM = 3     #最大尝试次数
valid_password = 'password666'
attempts = 0
while attempts < MAX_NUM:
    password = input('请输入密码: ')
    if password == valid_password:
        print('验证成功')
        break
    else:
        print('密码输入有误，请重新输入')
        attempts += 1
else:
    print(‘验证失败’)
```

如果循环正常结束而没有找到匹配的密码（即达到了最大尝试次数），else 语句块将执行，程序运行结果如下：

```
请输入密码: password
密码输入有误，请重新输入
请输入密码: password123
```

**小贴士：**

Python 的 for 循环也支持使用保留字 else 产生分支。其语法格式如下：

```
for 循环变量 in 目标:
    循环体1
else:
    循环体2
```

**技能应用：**

循环结构 for...else 或 while...else，在网络运维自动化应用中，我们可以用它们来提供一些循环能正常结束后的执行动作，比如检查 OSPF 邻居是否都正常建立，检查某些上联口是否都是 up 状态，一旦检查完毕正常结束了循环，即通过 else 代码块发送提示性信息或其他动作。

```
密码输入有误，请重新输入
请输入密码：123pass
密码输入有误，请重新输入
验证失败
```

如果用户输入了正确密码，则 else 语句不会被执行，程序运行结果如下：

```
请输入密码：password666
验证成功
```

## 活动实施

小张和他的团队使用 while 循环完成多个学生成绩的转换任务，代码如下：

```
while True:
    score = (input("请输入成绩（exit退出程序）："))
    if score == 'exit':
        print("退出程序！")
        break
    score = float(score)
    if score < 0  or score > 100:   # 成绩范围不在0~100之间
        print("输入错误！")
    elif score >= 90:               # 90分以上为优秀
        print("优秀")
    elif score >= 80:               # 80分以上为良好
        print("良好")
    elif score >= 70:               # 70分以上为中等
        print("中等")
    elif score >= 60:               # 60分以上为及格
        print("及格")
    else:                           # 60分以下为不及格
        print(“不及格”)
```

上述代码中，通过 if 语句，对 score 变量接收到的数据进行判断，并通过保留字 break 结束循环。

这里特别需要注意 score 变量的数据类型，如果 score 变量要转换成浮点数，而接收到的数据“exit”是字符串，字符串不能转浮点数，程序就会报错，因此，这里需要去除第 2 行代码中的 float() 转换。

而在进行成绩转换时，如果 score 变量是字符串，字符串不能和数值进行比较，程序也会报错，因此，这里我们需要在第 6 行代码，也就是成绩转换之前添加一行代码，使用 float() 函数对变量 score 进行转换，从字符串转换成浮点数。

程序运行后，屏幕中会提示输入学生成绩，然后分别输出对应的等级，直到输入“exit”退出程序，程序运行结果如下：

```
请输入成绩（输入exit退出循环）：90
优秀
```

**小贴士：**

使用 True 作为 while 循环的判断条件，若 while 循环的条件总为真，循环将一直执行，这种情况被称为无限循环，也称为死循环。

在实际开发中，有些程序不需要终止循环，如游戏的主程序、操作系统中的监控程序等，但无限循环会占用大量内存，如无特殊必要，程序中不应该出现死循环，以免影响程序和系统的性能。

```
请输入成绩（输入exit退出循环）：85
良好
请输入成绩（输入exit退出循环）：72
中等
请输入成绩（输入exit退出循环）：60
及格
请输入成绩（输入exit退出循环）：42
不及格
请输入成绩（输入exit退出循环）：105
输入错误！
请输入成绩（输入exit退出循环）：exit
退出程序！
```

小张和他的团队在使用 while 循环完成多个学生成绩的转换任务时不小心按多了一个字母“a”，程序运行后，返回错误信息，如图 3-5 所示。

```
D:\pythoninstall\python.exe D:\python\项目3\3-2使用条件循环转换多个学生成绩.py
请输入成绩(exit退出程序）：90a
Traceback (most recent call last):
  File "D:\python\项目3\3-2使用条件循环转换多个学生成绩.py", line 6, in <module>
    score = float(score)
            ^^^^^^^^^^^^
ValueError: could not convert string to float: '90a'

Process finished with exit code 1
```

图 3-5　运行结果报错

尽管程序开发人员在编写程序时会尽可能地考虑实际应用时出现的问题，但仍难避免因不规范操作导致的运行错误。该如何解决这一问题呢?

问题诊断：程序中通过变量 score 接收用户输入的内容，再使用 float() 函数将整型或符合数值类型规范的字符串转换为浮点型，然而用户的实际输入可能各式各样，比如在输入成绩的时候按多了一个字母“a”，此时程序会因错误而崩溃。

改进措施：类似的由于输入与预期不匹配造成的错误有很多种可能，编写程序时很难逐一进行判断。为了保证程序能够稳定运行，编程语言一般都会提供异常处理语句，帮助程序捕获、控制与处理异常。

学生成绩转换中的异常处理

视频内容：

① 为什么要进行异常处理?

② 什么是异常?

③ 异常的类型。

④ 异常处理。

⑤ else 和 finally。

⑥ 学生成绩转换中的异常处理。

## 活动 3　学生成绩转换中的异常处理

### 活动准备

#### 1. 异常处理

编程时会产生各种各样的错误：有的是程序语法错误，会在程序解析时被指出；有的是逻辑错误，与业务逻辑有关，对程序的运行并无影响，但影响业务流程；还有的是运行时产生的错误，即所谓的“异常”，如果没有进行适当的处理，往往会造成程序崩溃而使运行终止。所以了解程序可能出现异常的地方，并进行异常处理，是使程序更加健壮、提高系统容错性的重要手段。

### 2. 异常

程序在执行过程中产生的错误称为异常。异常是一个事件，该事件会在程序执行过程中发生，影响程序的正常执行。

下面的代码是在交互式运行环境中执行语句时出现异常的例子。

```
>>> 1/0                                   # 除以零
ZeroDivisionError : division by zero
>>> '2' + 2                               # 类型错误
TypeError: can only concatenate str (not "int") to str
>>> 4 + var                               # 变量未定义
NameError: name 'var' is not defined
>>> fp = open('file1.txt', 'r')           # 文件不存在
FileNotFoundError: [Errno 2] No such file or directory: 'file1.txt'
>>> len(100)                              # 类型错误
TypeError: object of type 'int' has no len()
```

从上面的例子中可以看出，异常类型和描述会显示在运行结果中，例子中的异常类型包括 ZeroDivisionError、TypeError、NameError 和 FileNotFoundError 等。

### 3. 异常的类型

常见的异常类型见表 3-3。

表 3-3　常见的异常类型

| 异常名称 | 描　述 | 异常名称 | 描　述 |
|---|---|---|---|
| BaseException | 所有异常的基类 | NameError | 未声明 / 初始化对象（没有属性） |
| SystemExit | 解释器请求退出 | UnbundLocalError | 访问未初始化的本地变量 |
| KeyboardInterrupt | 用户中断执行（通常是输入 ^C） | RererenceError | 弱引用（weak reference）试图访问已经垃圾回收了的对象 |
| Exception | 常规错误的基类 | RuntimeError | 一般的运行时错误 |
| StopIteration | 迭代器没有更多的值 | NotImplementedError | 尚未实现的方法 |
| GeneratorExit | 生成器（generator）发生异常来通知退出 | SyntaxError | Python 语法错误 |
| StandardError | 所有的内建标准异常的基类 | IndentationError | 缩进错误 |
| ArithmeticError | 所有数值计算错误的基类 | TabError | Tab 和空格混用 |
| FloatingPointError | 浮点计算错误 | SystemError | 一般的解释器系统错误 |
| OverflowError | 数值运算超出最大限制 | TypeError | 对类型无效的操作 |
| ZeroDivisionError | 除以（或取模）零（所有数据类型） | ValueError | 传入无效的参数 |
| AssertionError | 断言语句失败 | UnicodeError | Unicode 相关的错误 |
| AttributeError | 对象没有这个属性 | UnicodeDecodeError | Unicode 解码时的错误 |
| EOFError | 没有内建输入，到达 EOF 标记 | UnicodeEncodeError | Unicode 编码时的错误 |
| EnvironmentError | 操作系统错误的基类 | UnicodeTranslateError | Unicode 转换时的错误 |

续表

| 异常名称 | 描　述 | 异常名称 | 描　述 |
| --- | --- | --- | --- |
| IOError | 输入 / 输出操作失败 | Waming | 警告的基类 |
| OSError | 操作系统错误 | DeprecationWaming | 关于被弃用的特征的警告 |
| WindowsError | 系统调用失败 | FutureWaming | 关于构造将来语义会有改变的警告 |
| ImporError | 导入模块 / 对象失败 | OverflowWaming | 关于自动提升为长整型（long）的警告 |
| LookupError | 无效数据查询的基类 | PendingDeprecation-Waming | 关于特性将会被废弃的警告 |
| IndexError | 序列中没有此索引（index） | RuntimeWaming | 可疑的运行时行为（runtime behavion）的警告 |
| KeyError | 映射中没有这个键 | SyntaxWaming | 可疑的语法的警告 |
| MemoryError | 内在溢出错误（对于 Python 解释器不是致命的） | UserWaming | 用户代码生成的警告 |

### 4. 错误与异常的区别

错误与异常的区别主要体现在以下几个方面：

① 如果代码在语法上都是正确的，也不能保证在执行时程序不会引发错误。

② 异常可以被捕获和处理。

③ 错误一般是编码错误，逻辑错误，系统错误。

④ 异常不等同于语法错误。错误会引发异常。

### 5. 异常的处理

Python 语言使用保留字 try 和 except 组成分支结构处理异常。try-except 语句用来检测 try 语句块中的错误，从而让 except 语句捕获异常信息并处理。其语法格式如下：

```
try:
    语句体1
except:
    语句体2
```

说明：

■ 语句体 1 是需要捕获异常的语句，以及未出现异常时程序将执行的语句。

■ 语句体 2 是出现异常时程序将会执行的语句。

通过用户输入下标，索引获取并输出列表中的相应元素。如果输入错误，提示异常信息，代码如下：

```
try:
    list = ['math','english','chinese','physics']
    i = int(input('请输入下标：'))
    print(list[i])
```

```
except:
    print('下标索引超出边界')
```

运行程序，在控制台提示信息后输入“2”，可获取列表元素“chinese”，程序运行结果如下：

```
请输入下标：2
chinese
```

运行程序，在控制台提示信息后输入“6”，程序运行结果如下：

```
请输入下标：6
下标索引超出边界
```

运行程序，在控制台提示信息后输入“1a”，仍然提示“下标索引超出边界”，而此提示是不正确的。程序运行结果如下：

```
请输入下标：1a
下标索引超出边界
```

程序可能会引发多个异常，一个 try 语句后面可以接多个 except 语句，用于捕获多个异常。捕获多个异常还需要给出异常的类型，其语法格式如下：

```
try:
    语句体1
except 异常类型1:
    异常处理语句体1
except 异常类型2:
    异常处理语句体2
…
```

修改索引获取列表元素程序，代码如下：

**小贴士：**
因为可能还存在其他未被捕获的异常，所以在最后再写一个 except，并输入提示“未知错误”。

```
try:
    list = ['math', 'english', 'chinese', 'physics']
    i = int(input('请输入下标：'))
    print(list[i])
except IndexError:
    print('下标索引超出边界')
except ValueError:
    print('传入无效的参数')
except:
    print('未知错误')
```

运行程序，在控制台提示信息后输入”1a”，程序运行结果如下：

```
请输入下标：1a
传入无效的参数
```

此外，为了更好地区分不同的错误信息，也可以在 except 后面的代码中使用 as 获取系统反馈的错误信息，其语法格式如下：

```
try:
    语句体1
except 异常类型1 as e:
    异常处理语句体1
except 异常类型2 as e:
    异常处理语句体2
…
```

**技能提升:**

修改索引获取列表元素程序，代码如下：

```
try:
    list = ['math', 'english', 'chinese', 'physics']
    i = int(input('请输入下标:'))
    print(list[i])
except IndexError as e:
    print(e)
except ValueError as e:
    print(e)
except:
    print('未知错误')
```

程序运行结果如下：

```
请输入下标:1a
invalid literal for int() with base 10: '1a'
```

### 6. else 语句和 finally 语句

在异常处理中还可以使用 else 和 finally 语句。如果使用 else 语句，else 必须放在 except 子句之后；如果要使用 finally 语句，finally 语句必须放在最后。else 子句将在 try 子句没有发生任何异常的时候执行。其语法格式如下：

```
try:
    语句体1
except:
    语句体2
else:
    语句体3
```

finally 语句是无论是否发生异常最后都要执行的代码。finally 语句中的代码主要用于清理工作，如释放资源、关闭文件等。其语法格式如下：

```
try:
    语句体1
except:
    语句体2
finally:
    语句体3
```

通过用户输入下标，输出列表中的相应元素。如果输入错误，提示异常信息，代码如下：

```
try:
    list = ["张三","李四","王五","小明"]
    i = int(input("请输入下标: "))
    print(list[i])
except IndexError:
    print("下标索引超出边界")
except ValueError:
    print("传入无效的参数")
else:
    print( “程序正常” )
```

当用户输入“0”时，try 子句没有发生异常并被执行，else 子句会在 try 子句执行后执行。程序运行结果如下：

```
请输入下标: 0
张三
程序正常
```

当用户输入“4”时，try 子句发生异常，else 子句不会执行。程序运行结果如下：

```
请输入下标: 4
下标索引超出边界
```

当用户输入“ab”时，try 子句发生异常，else 子句不会执行。程序运行结果如下：

```
请输入下标: ab
传入无效的参数
```

将上面的程序中的“else”修改为“finally”，代码如下：

```
try:
    list = ["张三","李四","王五","小明"]
    i = int(input("请输入下标: "))
    print(list[i])
except IndexError:
    print("下标索引超出边界")
except ValueError:
    print("传入无效的参数")
finally:
    print("无论是否异常都要执行")
```

当用户输入“0”时，try 子句没有发生异常，try 子句被执行，finally 子句会在 try 子句执行后执行。程序运行结果如下：

```
请输入下标：0
张三
无论是否异常都要执行
```

当用户输入“4”时，try 子句发生异常，finally 子句仍会执行。程序运行结果如下：

```
请输入下标：4
下标索引超出边界
无论是否异常都要执行
```

当用户输入“ab”时，try 子句发生异常，finally 子句仍会执行。程序运行结果如下：

```
请输入下标：ab
传入无效的参数
无论是否异常都要执行
```

### 活动实施

小张和他的团队使用 try...except 解决学生成绩转换过程中出现的异常问题，代码如下：

```
try:
    while True:
        score = (input("请输入成绩："))
        if score == 'exit':
            print("退出程序！")
            break
        score = float(score)
        if score < 0 or score > 100:   # 成绩范围不在0~100之间
            print("输入错误！")
        elif score >= 90:              # 90分以上为优秀
            print("优秀")
        elif score >= 80:              # 80分以上为良好
            print("良好")
        elif score >= 70:              # 70分以上为中等
            print("中等")
        elif score >= 60:              # 60分以上为及格
            print("及格")
        else:                          # 60分以下为不及格
            print("不及格")
except Exception as e:
    print(repr(e))
```

程序运行结果如下：

```
请输入成绩：90a
ValueError("could not convert string to float: '90a'")
```

**小贴士：**

repr() 函数是一个内置函数，用于返回一个对象的字符串表示形式。

print(e) 和 print(repr(e)) 的区别：

print(e) 只给出异常信息，不包括异常信息的类型。

print(repr(e)) 给出较全的异常信息，包括异常信息的类型。

## 任务评价

请教师和学生填写表 3-4，对任务实施情况进行评价、反思并提出改进措施。

表 3-4　职业能力评价、反思和改进

<table>
<tr><td colspan="9">任务名称：</td></tr>
<tr><td>班级</td><td></td><td>小组</td><td></td><td>姓名</td><td></td><td>日期</td><td colspan="2">年　月　日</td></tr>
<tr><td rowspan="9">职业能力评价</td><td colspan="5">能　力</td><td>自评</td><td>组内互评</td><td>教师评</td></tr>
<tr><td>自我管理能力（20 分）</td><td colspan="4">1. 出勤情况。<br>2. 遵守纪律情况。<br>3. 任务完成情况，有无提问记录。<br>4. 主动参与活动情况</td><td></td><td></td><td></td></tr>
<tr><td>合作交流能力（10 分）</td><td colspan="4">1. 能够使用文明礼貌用语，有效地沟通。<br>2. 能够与组员主动交流，积极合作</td><td></td><td></td><td></td></tr>
<tr><td>解决问题能力（10 分）</td><td colspan="4">1. 能够有效获取和使用信息资源。<br>2. 能够客观分析任务，发现并解决问题</td><td></td><td></td><td></td></tr>
<tr><td>任务创新能力（10 分）</td><td colspan="4">1. 能够提出有价值的观点和建议。<br>2. 能够举一反三，运用不同的方法完成任务</td><td></td><td></td><td></td></tr>
<tr><td>综合能力（50 分）</td><td colspan="4">1. 任务结果完整，并按要求命名和存放。<br>2. 能够很好理解任务的相关知识点，熟练完成任务操作。<br>3. 能有效地参与任务评价</td><td></td><td></td><td></td></tr>
<tr><td colspan="5">合 计 得 分</td><td></td><td></td><td></td></tr>
<tr><td colspan="5">总 评 得 分</td><td colspan="3"></td></tr>
<tr><td colspan="8">注：总评得分 = 自评合计得分 × 20% + 组内互评合计得分 × 20% + 教师评合计得分 × 60%</td></tr>
<tr><td rowspan="3">反思与改进</td><td colspan="8">1. 你认为本任务最有价值的内容是：</td></tr>
<tr><td colspan="8">2. 下列问题需要进一步了解或得到帮助：</td></tr>
<tr><td colspan="8">3. 为使学习更有效，你对本任务教学的建议是：</td></tr>
</table>

设计快递计费系统

视频内容：

① 分支嵌套。

② 分支嵌套的格式。

③ 分支嵌套的注意事项。

④ 设计快递计费系统。

## 拓展任务　设计快递计费系统

### 任务描述

学校快递点提供华东地区、华南地区、华北地区的寄件服务。该快递点寄件价目见表 3-5，为了提高工作效率，其委托华信智能技术有限公司设计一个快递计费系统，能根据地区和快递重量计算出快递费用。公司王经理把这项任务交给了小张和他的团队。

表 3-5 寄件价目表

| 地区编号 | 首重（≤ 2 kg）/（元） | 续重 /（元 /kg） |
| --- | --- | --- |
| 华东地区（01） | 13 | 3 |
| 华南地区（02） | 12 | 2 |
| 华北地区（03） | 14 | 4 |

## 任务分析

小张和他的团队经过讨论发现，每一个地区的快递计费都可以分成两种情况（快递不超过 2kg 和超过 2kg），可以使用分支结构实现。但对于不同地区不同重量的快递计费该如何实现呢？王经理提醒他们可以了解一下分支嵌套，最终小张和他的团队通过学习与实践完成了任务，并在实践中解决了一系列问题。

## 任务目标与重难点

| 任务目标 | 设计快递计费系统 |
| --- | --- |
| 任务重点和难点 | 分支嵌套的格式（重点） |
| | 分支嵌套的应用（难点） |

## 任务准备

### 1. 分支嵌套

分支嵌套即分支结构的嵌套，又称条件语句的嵌套，是指在分支结构的语句体中含有分支结构，从而实现更复杂的逻辑判断。分支嵌套可以有多层嵌套，每层嵌套都会根据不同的条件执行相应的代码。通过分支嵌套，可以处理更加复杂的问题，使代码更加灵活和可控。

### 2. 分支嵌套的格式

单分支、二分支和多分支结构内部都可以嵌套不同类型的子分支。以单分支结构为例，单分支结构嵌套的语法格式如下：

```
if 判断条件1:
    [代码段1]
    if 判断条件2:
        代码段2
        …
    [代码段3]
…
```

说明：

■ 分支嵌套中每一个分支都必须遵守缩进和英文冒号等格式要求，同一级别的分

**小贴士：**

理论上说，各种分支结构都可以嵌套使用，嵌套的层次也没有限制，但过多的嵌套会导致程序逻辑混乱，降低程序的可读性，增加程序维护的难度，因此在进行程序开发时应仔细梳理程序逻辑，避免多层嵌套。

支必须在同一个缩进层次里面。

分支嵌套的流程图如图 3-6 所示。

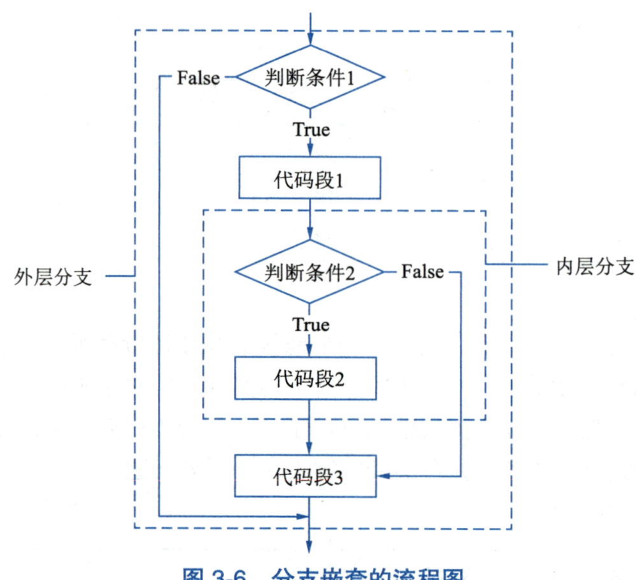


图 3-6　分支嵌套的流程图

**问题思考 1：**

多个快递计费如何实现？

**解决方案：**

方法一：使用遍历循环实现多个快递计费。

方法二：使用条件循环实现多个快递计费。

## 任务实施

小张和他的团队使用分支嵌套完成了该任务，代码如下：

```
weight = float(input("请输入快递重量(kg): "))
print("编号01: 华东地区  编号02: 华南地区  编号03: 华北地区")
place = input("请输入地区编号: ")
if weight <= 2:
    if place == "01":
        print("快递费为13元")
    elif place == "02":
        print("快递费为12元")
    elif place == "03":
        print("快递费为14元")
else:
    excess_weight = weight - 2
    if place == "01":
        money = excess_weight * 3 + 13
        print(F"快递费为{money:.2f}元")
    elif place == "02":
        money = excess_weight * 2 + 12
        print(F"快递费为{money:.2f}元")
    elif place == "03":
        money = excess_weight * 4 + 14
        print(F"快递费为{money:.2f}元")
```

程序运行结果如下：

**问题思考 2：**

此任务还可以怎么设计？

**解决方案：**

**技能应用：**

快递计费方法还适用于：

- 出租车计费系统。
- 阶梯电价计费系统。
- 阶梯水费计费系统。
- ……

**素养园地：**

掌握程序设计的方法比解决一个具体问题更重要。

```
请输入快递重量(kg): 5
编号01: 华东地区 编号02: 华南地区 编号03: 华北地区
请输入地区编号: 01
快递费为22.00元
```

## 任务评价

请教师和学生填写表3-6，对任务实施情况进行评价、反思并提出改进措施。

表3-6 职业能力评价、反思和改进

<table>
<tr><td colspan="6">任务名称：</td></tr>
<tr><td>班级</td><td colspan="2">　 小组 　 姓名</td><td>日期</td><td colspan="2">年 月 日</td></tr>
<tr><td rowspan="9">职业能力评价</td><td colspan="2">能 力</td><td>自评</td><td>组内互评</td><td>教师评</td></tr>
<tr><td>自我管理能力<br>（20分）</td><td>1. 出勤情况。<br>2. 遵守纪律情况。<br>3. 任务完成情况，有无提问记录。<br>4. 主动参与活动情况</td><td></td><td></td><td></td></tr>
<tr><td>合作交流能力<br>（10分）</td><td>1. 能够使用文明礼貌用语，有效地沟通。<br>2. 能够与组员主动交流，积极合作</td><td></td><td></td><td></td></tr>
<tr><td>解决问题能力<br>（10分）</td><td>1. 能够有效获取和使用信息资源。<br>2. 能够客观分析任务，发现并解决问题</td><td></td><td></td><td></td></tr>
<tr><td>任务创新能力<br>（10分）</td><td>1. 能够提出有价值的观点和建议。<br>2. 能够举一反三，运用不同的方法完成任务</td><td></td><td></td><td></td></tr>
<tr><td>综合能力<br>（50分）</td><td>1. 任务结果完整，并按要求命名和存放。<br>2. 能够很好理解任务的相关知识点，熟练完成任务操作。<br>3. 能有效地参与任务评价</td><td></td><td></td><td></td></tr>
<tr><td colspan="2">合计得分</td><td></td><td></td><td></td></tr>
<tr><td colspan="2">总评得分</td><td colspan="3"></td></tr>
<tr><td colspan="5">注：总评得分 = 自评合计得分 × 20% + 组内互评合计得分 × 20% + 教师评合计得分 × 60%</td></tr>
<tr><td rowspan="3">反思与改进</td><td colspan="5">1. 你认为本任务最有价值的内容是：</td></tr>
<tr><td colspan="5">2. 下列问题需要进一步了解或得到帮助：</td></tr>
<tr><td colspan="5">3. 为使学习更有效，你对本任务教学的建议是：</td></tr>
</table>

## 素养提升　远离抽奖陷阱，珍爱幸福生活

小张和他的团队想设计一个猜数字游戏，在 1 ～ 1 000 内随机生成一个整数，根据用户输入信息，判断数字大了还是小了，如果用户猜对了，提示用户“恭喜你猜对了，你真棒！”

小张和他的团队通过讨论认为可以利用多分支结构判断数字大小，但是如何生成随机数呢？王经理建议小张和他的团队可以了解一下 random 模块 。

random模块

**PDF 文档内容：**

① random 模块。

② random 模块中的常用函数。

小张和他的团队制作了猜数字游戏，代码如下：

```
import random
num = random.randint(1,1000)
while True:
    res = input("请输入猜的数：")
    res = int (res)
    if res > num:
        print ("你猜的数字大了，请重新猜…")
    elif res == num:
        print("恭喜你猜对了，你真棒")
        break
    else:
        print("你猜的数字小了，请重新猜…")
```

程序运行结果如下：

```
请输入猜的数：23
你猜的数字小了，请重新猜…
请输入猜的数：45
你猜的数字小了，请重新猜…
请输入猜的数：78
你猜的数字大了，请重新猜…
请输入猜的数：65
你猜的数字大了，请重新猜…
请输入猜的数：60
你猜的数字大了，请重新猜…
请输入猜的数：50
你猜的数字小了，请重新猜…
请输入猜的数：54
你猜的数字小了，请重新猜…
请输入猜的数：56
你猜的数字小了，请重新猜…
请输入猜的数：58
恭喜你猜对了，你真棒
```

**举一反三：**

能不能修改程序，限制猜数字的次数？是不是游戏的难度增大了呢？若增加随机数的范围，是不是游戏的难度又增大了呢？

random 模块的应用场景如下：

（1）用于进行一些概率或统计相关的计算或模拟，例如抛硬币、掷骰子、抽奖等。

（2）用于实现一些随机化的功能或效果，例如密码生成、验证码生成、游戏设计等。

（3）用于学习或教授一些随机数相关的知识或技巧，例如伪随机数、种子、分布等。

可是，为什么很多人参与抽奖时常常提示的是“谢谢惠顾”或只能抽到一些参与奖等，基本抽不到一等奖，这是为什么呢？我们来看一段代码：

```
prizes = {'一等奖':10,'二等奖':20,'三等奖':30,'参与奖':40}
whitelist = ['Tom','Jerry','lucy']
name = input('请输入姓名：')
if name in whitelist:
    print('恭喜您中了一等奖！')
else:
    print('谢谢参与！')
```

在此程序中创建了一个人员名单，通过 if 语句对输入的姓名进行判断，只有在名单中的人员才能获奖。

运行程序，如果输入的姓名不是 whitelist 中的姓名，程序运行结果如下：

```
请输入姓名：black
谢谢参与！
```

如果输入的姓名是 whitelist 中的姓名，程序运行结果如下：

```
请输入姓名：lucy
恭喜您中了一等奖！
```

**素养园地：**

远离游戏陷阱，珍爱幸福生活。凡是抽奖游戏等，必定包含有不确定性和被控制性。天上不会掉馅饼，一分耕耘才能换来一分收获，我们要靠自己的劳动和智慧去打造幸福生活。

## 项目总结

本项目首先通过微视频讲解了程序的表示方法及其适用范围，使用不同的程序表示方法描述程序，之后介绍了分支结构、循环结构的使用方法及 Python 异常的处理等内容。通过本项目的学习，希望大家能熟练掌握 Python 程序控制结构，熟悉程序设计的流程与编写程序的基本方法。

## 巩固与应用

### 1. 单选题

①下列说法中，错误的是（　　）。

A. while 语句的循环体中可以包括 if 语句

B. if 语句中可以包括循环语句

请使用微信“扫一扫”扫码进行课后小测

C. 循环语句不可以嵌套

D. 选择语句可以嵌套

② 下列选项中，不属于 Python 循环结构的是（　　）。

A. for 循环　　B. while 循环

C. do…while 循环　　D. 嵌套的 while 循环

③ 下列关于 for 循环的描述，说法正确的是（　　）。

A. for 循环可以遍历可迭代对象

B. for 循环不能使用循环嵌套

C. for 循环不可以与 if 语句一起使用

D. for 循环可以遍历数据，但不能控制循环次数

④ 下列关于 try…except 的说法，错误的是（　　）。

A. try 子句中如果没有发生异常，则忽略 except 子句中的代码

B. 程序捕获到异常会先执行 except 语句，然后再执行 try 语句

C. 执行 try 语句下的代码，如果引发异常，则执行过程会跳到 except 语句

D. except 可以指定错误的异常类型

⑤ 使用下面选项中的语句补全下面的程序，可以输出 10 和 20 的是（　　）。

```
for x in ____:
    print(x)
```

A. range(10,20,10)　　B. range(10,21,10)

C. range(9,20,10)　　D. range(10,20,9)

⑥ 已知 a = 1，b=2，c=3，执行以下代码后，a,b,c 的值为（　　）。

```
a = 1
b = 2
c = 3
if b < c:
    c -= a
    a += b
    b *= a
print(a, b, c)
```

A. 1,2,3　　B. 3,6,2　　C. 2,6,3　　D. 3,2,1

⑦ 下面代码的输出结果是（　　）。

```
for s in "HelloWorld":
   if s == "W":
       continue
   print(s,end="")
```

A. Hello　　B. World　　C. HelloWorld　　D. Helloorld

⑧ 下面代码的输出结果是（　　）。

```
for i in range(3):
```

```
    print(2,end=",")
```

A. 2,2,2,　　B. 2,2,2　　C. 2 2 2　　D. 2 2 2,

⑨ 假设从键盘输入的值是 20，以下代码的输出结果是（　　）。

```
age=input("please input your age:" )
if age>=18:
    print("已成年!")
else:
    print("未成年!")
```

A. 已成年!　　B. 未成年!

C. 程序运行错误　　D. age=20

### 2. 多选题

① 下列选项中，只能在循环结构中使用的关键字有（　　）。

A. break　　B. continue　　C. except　　D. else

② 下列选项中，可以用来实现异常处理结构的关键字有（　　）。

A. except　　B. try　　C. else　　D. finally

### 3. 填空题

① __________语句用来提前结束循环，继续执行循环结构后面的代码。

② __________语句用来提前结束本次循环，跳过循环结构中该语句后面的代码，提前进入下一次循环。

### 4. 判断题

① 在 Python 语言中，else 只能用于选择结构，也就是说，else 必须和前面代码中的某个 if 或 elif 对齐。（　　）

② 在 Python 语言中，选择结构的 if 必须有对应的 else，否则程序无法执行。（　　）

③对于带有 else 的循环语句，如果由于循环结构中执行了 break 语句而提前结束循环，将会继续执行 else 块中的代码。（　　）

④ Python 语言中的异常处理结构必须带有 finally 子句。（　　）

⑤ Python 语言中的异常处理结构可以不带 else 子句。（　　）

⑥ Python 中 break 和 continue 语句可以单独使用。（　　）

⑦ 在异常处理结构中，不论是否发生异常，finally 子句中的代码总是会执行的。（　　）

### 5. 程序设计题

① 编写程序，打印九九乘法表。

② 编写程序，求解百钱买百鸡问题。假设公鸡卖 5 元 1 只，母鸡卖 3 元 1 只，小鸡卖 1 元 3 只，现在有 100 元，想买 100 只鸡，输出所有可能的购买方案。

③ 某天小猴子摘了很多桃子，它一口气吃掉一半还不“过瘾”，就多吃了一个。

第二天小猴子又吃掉剩下的桃子的一半多一个。之后小猴子每天都吃掉前一天剩余桃子的一半多一个。到了第 5 天小猴子再想吃的时候发现只剩下一个了。编写程序，计算小猴子最初摘了多少个桃子。

④ 使用 while 嵌套循环，输出如下图形：

```
*
**
***
****
*****
****
***
**
*
```

⑤ 一家商场在降价促销，如果购买金额 50 ~ 100 元（包含 50 元和 100 元）之间，会给 10% 的折扣，如果购买金额大于 100 元会给 20% 折扣。编写程序，询问购买价格，再显示出折扣（10% 或 20%）和最终价格。

# 项目 4 提取学生信息

## 项目综述

### 项目导读

学校要完善新生信息，现需要对学生的性别、出生年月、年龄等信息进行补充，而需要完善信息的新生数量较多，如果一个一个录入，费时费力，效率低，且出错率高。东华职业技术学院委托华信智能技术有限公司从学生的身份证号码中提取学生信息，提取信息后再对身份证号码的关键信息加以遮盖。王经理把这项任务交给了小张和他的团队。王经理建议他们先分析这些信息对应于身份证号码上哪几位数字，然后利用字符串的切片操作提取出所需信息。

项目导读

### 项目目标

| 知识目标 | 能力目标 | 素质目标 |
| --- | --- | --- |
| ◎认识什么是字符串，掌握字符串定义规范；<br>◎掌握字符串的索引、切片及常用处理方法；<br>◎掌握 datetime 模块的核心类及其使用方法 | ◎掌握字符串的基本操作；<br>◎能使用索引、切片提取字符串指定位置的内容；<br>◎能对字符串进行替换、分割、连接等处理；<br>◎能使用 datetime 模块中的类获取日期和时间 | ◎培养学生分析问题，解决实际问题的能力；<br>◎培养学生团队合作的能力 |

### 项目导图

项目4 提取学生信息

- 课前学习任务　认识字符串
- 任务1　提取学生身份证号码中的信息
  - 活动1　提取身份证号码中的性别信息
  - 活动2　提取身份证号码中的出生日期
- 任务2　批量处理学生身份证号码中的信息
  - 活动1　批量提取身份证号码信息
  - 活动2　批量遮盖身份证号码关键信息
- 拓展任务　从身份证号码中获取年龄信息
- 素养提升　加强网络治理，净化网络环境

认识字符串

视频内容：
① 什么是字符串?
② 字符串的类型。
③ 字符串的创建方法。
④ 转义字符。
⑤ 取消转义字符。
⑥ 字符串定义规范。

请使用微信“扫一扫”扫码答题

## 课前学习任务

扫一扫侧边二维码观看课前学习视频，并完成下面的题目。

### 1. 单选题

① 以下关于 Python 中单引号和双引号的说法，正确的是（　　）。

A. Python 中字符串初始化只能使用单引号

B. 单引号用于短字符串，双引号用于长字符串

C. 单、双引号在使用上没有区别

D. 单引号针对变量，双引号针对常量

② 当需要在字符串中使用特殊字符时，Python 使用（　　）作为转义字符的起始符号。

A. /　　　　B. \

C. $　　　　D. %

③ 下列选项中，不属于字符串的是（　　）。

A. "2"　　　　B. 'Python'

C. """^"""　　　　D. '1'.23

④ 关于 Python 字符串类型的说法，下列描述错误的是（　　）。

A. 字符串是用来表示文本的数据类型

B. Python 中可以使用单引号、双引号、三引号定义字符串

C. Python 中单引号与双引号不可一起使用

D. 使用三引号定义的字符串可以包含换行符

⑤ 若字符串 s="a\nb\tc"，则 len(s) 的值是（　　）。

A. 7　　　　B. 6

C. 5　　　　D. 4

⑥ 关于字符串，下列说法错误的是（　　）。

A. 字符应该视为长度为 1 的字符串

B. 字符串以 \0 标志字符串的结束

C. 既可以用单引号，也可以用双引号创建字符串

D. 在三引号字符串中可以包含换行等特殊字符

⑦ Python 语句 print(r"\nGood") 的运行结果是（　　）。

A. 新行和字符串 Good　　　　B. r"\nGood"

C. \nGood　　　　D. 字符 r、新行和字符串 Good

### 2. 判断题

① Python 一个汉字占 2 个字节。（　　）

② 字符串中不可以包含特殊字符。（　　）

# 任务 1　提取学生身份证号码中的信息

## 任务综述

### 任务描述

小张和团队成员经过分析认为公民身份证号码记录了本人的性别和出生日期等重要信息，可以从身份证号码中提取所需学生信息。

### 任务分析

身份证是每位中国居民的唯一身份标识。18 位的身份证号码包含居民出生所在地归属的省、市、区、出生日期和性别等信息，对应字段如图 4-1 所示。王经理建议小张和团队成员使用 Python 语言中的字符串索引和切片来提取所需学生信息。

| 42 | 01 | 11 | 1998 | 08 | 12 | 00 | 4 | 5 |
|---|---|---|---|---|---|---|---|---|
| 省 | 市 | 区 | 年 | 月 | 日 | 派出所 | 性别 | 校验码 |

图 4-1　居民身份证号及其对应含义

### 任务目标与重难点

| 任务目标 | 提取学生身份证号码中的信息 |
|---|---|
| 任务重点和难点 | 字符串索引及切片操作的语法格式（重点） |
| | 字符串索引及切片操作的参数使用（难点） |

提取身份证号码中的性别信息

视频内容：

① 了解身份证号码的结构和信息。

② 索引。

③ 字符串索引。

④ 提取身份证号码中的性别信息。

## 活动 1　提取身份证号码中的性别信息

### 活动准备

#### 1. 索引

索引就是序列中的每个元素所在的位置。按照方向不同，索引分为正向索引和逆向索引。正向索引从 0 开始，从左到右计数，依次增加；逆向索引从 −1 开始，从右到左计数，依次减小。身份证号的索引值如图 4-2 所示。

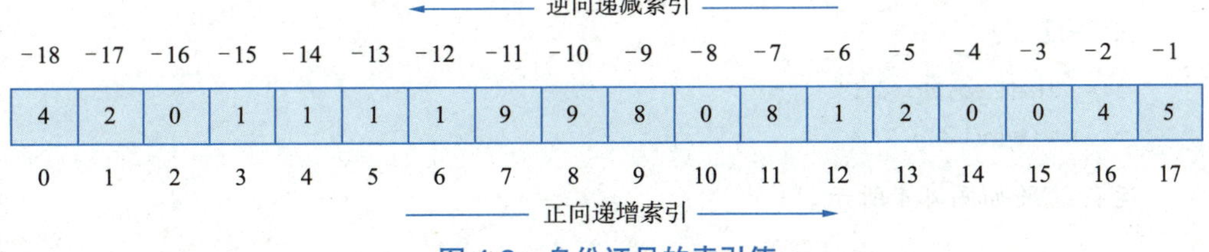


图 4-2　身份证号的索引值

#### 2. 字符串索引

在 Python 中，字符串是由字符组成的有序序列，同样可以通过索引来访问和获取其中的字符。

#### 3. 索引取值

通过索引可以获取序列的值，其语法格式如下：

小贴士：

序列其概念来源于数学中的数列。数列是按一定顺序排成一列的一组数，每个数称为这个数列的项，数与数之间存在先后关系。Python 中的序列在数列的基础上进行了扩展，每一项不仅可以是数，也可以是其他字符。本项目介绍的字符串（str）、以及后面将要介绍的列表（list）、元组（tuple）等都属于序列。

```
序列[索引]
```

以字符串“Hello,World”为例，通过索引取值理解字符串索引的使用，代码如下：

```
s = "Hello,World"
print(s[0])        # 取得字符串s中第1个字符H
print(s[1])        # 取得字符串s中第2个字符e
print(s[10])       # 取得字符串s中最后1个字符d
print(s[-1])       # 取得字符串s中最后1个字符d
print(s[-2])       # 取得字符串s中倒数第2个字符l
print(len(s))      # 输出字符串s的长度为11
```

运行程序，结果如下：

```
H
e
d
d
l
11
```

需要注意的是，在进行索引时，要确保索引值不会越界。当访问超出序列长度的索引时，Python 会引发“IndexError”，代码如下：

```
s = "Hello,World"
print(s[11])
```

运行程序，结果如图 4-3 所示。

```
D:\pythoninstall\python.exe D:\python\项目4\索引值越界.py
Traceback (most recent call last):
  File "D:\python\项目4\索引值越界.py", line 2, in <module>
    print(s[11])
          ~^^^^
IndexError: string index out of range
```

图 4-3　索引值超出字符串长度

**举一反三：**

```
s = "Hello,World"
print(s[-12])
```

运行结果如图 4-4 所示。

```
  File "D:\python\项目4\索引值越界.py", line 2, in <module>
    print(s[-12])
          ~^^^^^
IndexError: string index out of range
```

图 4-4　运行结果

Python 3 的字符串采用 Unicode 编码，对中文的支持很好，通过索引取值也可取出索引对应的汉字，代码如下：

```
s = "中华人民共和国"
print(s[0])      # 取得字符串s中第1个字符“中”
print(s[-1])     # 取得字符串s中最后1个字符“国”
```

运行程序，结果如下：

```
中
国
```

如在人民币和美元相互兑换的程序中，就是通过获取序列最后面的元素判断用户输入的是人民币还是美元符号，进而给出不同的兑换提示，代码如下：

```
n = input("请输入币值与符号（￥/$）：")
if n[-1] in ["$"]:
    print("你要把美元兑换成人民币。")
elif n[-1] in ["￥"]:
    print("你要把人民币兑换成美元。")
else:
    print("输入有误。")
```

运行程序，结果如下：

```
请输入币值与符号（￥/$）：11￥
你要把人民币兑换成美元。

请输入币值与符号（￥/$）：11$
你要把美元兑换成人民币。

请输入币值与符号（￥/$）：11
输入有误。
```

**小贴士：**

对于不确定的序列长度，而又需要从序列后面获取元素时，可以使用逆向索引。

### 活动实施

小张和他的团队使用字符串索引获取身份证号码中的性别信息，即从右往左数第二位数字，并保存到变量 gender 中，代码如下：

```
card = "440902199010100045"   # 定义字符串变量card，保存身份证号码
gender = card[-2]             # 使用逆向索引获取身份证号码中的性别信息
print(F"性别：{gender}")
```

运行程序，结果如下：

```
性别：4
```

**举一反三：**

已知身份证号码的第 17 位是性别信息，因此也可以使用正向索引来获取性别信息，代码如下：

```
gender = card[16]
```

**问题思考：**

如何把获取的数字转换为性别信息呢？

**问题解析：**

按照身份证号码上性别信息的表示规则，偶数为女性，奇数为男性。利用前面所学的 if 条件判断语句，即可对此信息进行转换。小张和他的团队把上述代码进行如下

**小贴士：**

在获取较长字符串中靠后的字符时，使用逆向索引会比使用正向索引更方便。

补充完善：

```
card = "440902199010100045"  # 定义字符串变量card，保存身份证号码
gender = int(card[-2])
# 提取身份证号码中的性别信息，因要判断其奇偶性，故将字符串转换为整型
if gender % 2 == 0:
    genderOut = "女"
else:
    genderOut = "男"
print(F"性别：{genderOut}")
```

举一反三：此处还可以怎样写?

再次运行程序，结果如下：

```
性别：女
```

## 活动 2　提取身份证号码中的出生日期

提取身份证号码中的出生日期

视频内容：

①切片。

②提取身份证号码中的出生日期。

③提取出生日期中的年份。

④切片的使用原则。

### 活动准备

#### 1. 切片

切片是 Python 中一种用于操作序列类型（如列表、字符串和元组）的方法。它通过指定起始索引和结束索引来截取出序列的一部分，形成一个新的序列。

其语法格式如下：

```
序列[起始索引:结束索引:步长]
```

说明：

■切片的截取范围是左闭右开的，即从起始索引开始，到结束索引前一位结束，不包含结束位本身。

■步长的取值可以是正数和负数，正、负号决定了“切取方向”。正号表示“从左往右”取值，负号表示“从右往左”取值，绝对值大小决定了切取数据时的“步长”，步长默认值为 1，步长不能为 0。

■从序列“端点”开始取值，起始索引可以省略。

■结束索引省略时，表示取到“终点”。

问题思考：使用字符串索引可以从身份证号码中提取出学生的性别信息，但是只能取出字符串中的一个字符，而出生日期是由 8 位数字组成的，要提取身份证号码中的出生日期，该如何实现呢?

解决方案：使用 Python 语言中的切片来完成。

#### 2. 字符串切片

字符串切片是 Python 中一种用于提取字符串中一部分字符的操作。在 Python 中，切片操作简洁且灵活，能够方便地获取子字符串。

以字符串“Hello,World”为例，理解字符串切片的使用，代码如下：

```
s = "Hello,World"
print(s[2:6])        # 获取索引2～6（不包含索引6）之间的字符片段
print(s[0:5])        # 获取索引0～5（不包含索引5）之间的字符片段
print(s[ :5])        # 省略起始索引值，用0作为起始索引值
print(s[ :-5])       # 省略起始索引值，用0作为起始索引值
print(s[6: ])        # 省略结束索引值，用字符串的长度值作为结束索引值
```

小贴士：

• 当起始索引值没写或者是 None 时，用 0 作为起始索引值。

• 当结束索引值没写或者是 None 时，用序列长度值作为结束索引值。

```
print(s[-5: ])          # 省略结束索引值，用字符串的长度值作为结束索引值
print(s[-5:-1])         # 使用负索引值，表示从右往左数，不包含字符串最后一位
print(s[ : ])           # 两个索引值都省略，表示整个字符串
```

运行程序，结果如下：

```
llo,
Hello
Hello
Hello,
World
World
Worl
Hello,World
```

人民币和美元相互兑换的程序就是通过切片获取用户输入的币值，进而选择不同的兑换公式实现货币兑换的，代码如下：

```
n = input("请输入币值与符号（¥/$）：")
if n[-1] in ["$"]:
    CNY = 7.2411 * eval(n[0:-1])     # 假设1美元等于人民币7.2411元
    print(F"{n[0:-1]}美元可兑换人民币{CNY}元")
elif n[-1] in ["¥"]:
    USD = 0.1381 * eval(n[0:-1])     # 假设人民币1元等于0.1381美元
    print(F"人民币{n[0:-1]}元可兑换{USD}美元")
else:
    print("输入有误。")
```

运行程序，结果如下：

```
请输入币值与符号（¥/$）：11¥
人民币11元可兑换1.5191美元

请输入币值与符号（¥/$）：11$
11美元可兑换人民币79.6521元

请输入币值与符号（¥/$）：11
输入有误。
```

**问题思考：**

汇率是动态变化的，能不能准确地获取汇率，进而实现货币兑换？

**解决方案：**

方法一：由用户手动输入实时汇率。（缺点：存在输入不准确的风险）

方法二：使用第三方库 currency_converter 从外汇数据源获取实时汇率，进行货币转换。代码如下：

```
from currency_converter import CurrencyConverter
n = input("请输入币值与符号（￥/$）：")
if n[-1] in ['$']:
    CNY = CurrencyConverter().convert(1,'USD',"CNY") * eval(n[0:-1])
    print(F"{n[0:-1]}美元可兑换{CNY:3f}元人民币")
elif n[-1] in ['￥']:
    USD = CurrencyConverter().convert(1,'CNY',"USD") * eval(n[0:-1])
    print(F"{n[0:-1]}元人民币可兑换{USD:.3f}美元")
else:
    print("输入有误。")
```

需要注意的是，Python 中的切片操作不会引发索引越界的错误。当起始索引值或者结束索引值大于序列长度时，用序列长度值作为索引值。

以字符串“Hello,World”为例，代码如下：

```
s = "Hello,World"
print("字符串的长度为：",len(s))            # 输出字符串长度
print(s[6:20])                              # 结束索引值20大于字符串长度
```

运行程序，结果如下：

```
字符串的长度为：11
World
```

**小贴士：**

当起始索引值大于等于结束索引值时，结果为空对象。

以字符串“Hello,World”为例，代码如下：

```
s = "Hello,World"
a = print(s[4:2])                           # 返回值为空
print(a)
print(type(a))
b = print(s[-2:-4])                         # 返回值为空
print(b)
c = print(s[2:2])                           # 返回值为空
print(c)
```

运行程序，结果如下：

```
None
<class 'NoneType'>

None

None
```

### 3. 字符串的扩展切片

起始索引、结束索引和步长可同时为正、同时为负，也可以混合使用。但必须遵

循如下原则，否则无法正确切取到数据。

① 当步长大于 0 时，每隔“| 步长 |-1”个元素进行一次截取。此时，起始索引必须小于结束索引，否则返回值为空。

以字符串“Hello,World”为例，代码如下：

```
s = "Hello,World"
print(s[1:6:2])
print(s[6:1:2])                    # 返回值为空
print(s[-6:-1:2])
print(s[-1:-6:2])                  # 返回值为空
```

运行程序，结果如下：

```
el,

,ol
```

② 当步长小于 0 时，每隔“| 步长 |-1”个元素进行一次截取。此时，起始索引必须大于结束索引，否则返回值为空。

```
s = "Hello,World"
print(s[1:6:-2])                   # 返回值为空
print(s[6:1:-2])
print(s[-6:-1:-2])                 # 返回值为空
print(s[-1:-6:-2])
```

运行程序，结果如下：

```

Wol

drW
```

### 活动实施

小张和他的团队使用字符串切片提取了身份证号码中的出生日期，保存到变量 birth，代码如下：

```
card = "440902199010100045"   # 定义字符串变量card，保存身份证号码
birth = card[6:14]
print(F"出生日期：{birth}")
```

运行代码，结果如下：

```
出生日期：19901010
```

## 任务评价

请教师和学生填写表 4-1，对任务实施情况进行评价、反思并提出改进措施。

**技能提升：**

在实际应用中，切片常被用来提取、替换或删除序列中的部分元素，或者反转序列等。

如将字符串“Hello, World”倒着写，代码如下：

```
s = "Hello,World"
print(s[::-1])
```

程序运行结果如下：

```
dlroW,olleH
```

也可以遍历循环实现字符串的反转。

```
s="Hello,World "
text = ""
for i in s:
    text=i+text
print(text)
```

你还知道其他方法吗？

**问题思考：**

如何提取身份证号码中的年份？

**解决方案：**

方法一：直接使用切片提取。

方法二：Python 支持连续切片，代码如下。

```
card = "440902199010100045"
birth = card[6:14]
year = card[6:14][0:4]
print(F"出生日期：{birth}")
print(F"出生年份：{year}")
```

程序运行结果如下：

```
出生日期：19901010
出生年份：1990
```

表 4-1 职业能力评价、反思和改进

| 任务名称： | | | | | | |
|---|---|---|---|---|---|---|
| 班级 | | 小组 | | 姓名 | 日期 | 年 月 日 |
| 职业能力评价 | 能 力 | | | 自评 | 组内互评 | 教师评 |
| | 自我管理能力（20 分） | 1. 出勤情况。<br>2. 遵守纪律情况。<br>3. 任务完成情况，有无提问记录。<br>4. 主动参与活动情况 | | | | |
| | 合作交流能力（10 分） | 1. 能够使用文明礼貌用语，有效地沟通。<br>2. 能够与组员主动交流，积极合作 | | | | |
| | 解决问题能力（10 分） | 1. 能够有效获取和使用信息资源。<br>2. 能够客观分析任务，发现并解决问题 | | | | |
| | 任务创新能力（10 分） | 1. 能够提出有价值的观点和建议。<br>2. 能够举一反三，运用不同的方法完成任务 | | | | |
| | 综合能力（50 分） | 1. 任务结果完整，并按要求命名和存放。<br>2. 能够很好理解任务的相关知识点，熟练完成任务操作。<br>3. 能有效地参与任务评价 | | | | |
| | 合 计 得 分 | | | | | |
| | 总 评 得 分 | | | | | |
| | 注：总评得分 = 自评合计得分 × 20% + 组内互评合计得分 × 20% + 教师评合计得分 × 60% | | | | | |
| 反思与改进 | 1. 你认为本任务最有价值的内容是： | | | | | |
| | 2. 下列问题需要进一步了解或得到帮助： | | | | | |
| | 3. 为使学习更有效，你对本任务的教学的建议是： | | | | | |

批量处理学生身份证号码中的信息

视频内容：

① 字符串处理方法。
② split() 方法。
③ 批量提取身份证号码信息。
④ join() 方法。
⑤ 批量提取身份证号码信息。
⑥ replace() 方法。
⑦ 遮盖身份证号码关键信息。

# 任务 2 批量处理学生身份证号码中的信息

## 任务综述

### 任务描述

小张和团队成员掌握了身份证的出生日期和性别信息的提取方法后发现，为了对大量数据进行批量处理，需要对信息进行分离和连接，有时还需要对身份证信息进行特殊处理，比如为了保护个人隐私信息，需对关键内容进行遮盖等。

## 任务分析

王经理提醒小张和他的团队，Python 提供了很多关于字符串操作的方法。最终小张和他的团队利用字符串处理方法高效率地完成了任务。

## 任务目标与重难点

| 任务目标 | 批量处理学生身份证号码中的信息 |
| --- | --- |
| 任务重点和难点 | 字符串处理方法的使用（重点） |
| | 能使用字符串处理方法处理字符串（难点） |

# 活动 1　批量提取身份证号码信息

## 活动准备

### 1. 字符串处理方法

Python 语言为字符串提供了一系列方法，使得字符串处理更加便捷和灵活。使用 dir(str) 可以查看字符串的方法列表，如图 4-5 所示。使用 help(str) 查看每个方法的详细说明。

```
>>> dir(str)
['__add__', '__class__', '__contains__', '__delattr__', '__dir__', '__doc__
', '__eq__', '__format__', '__ge__', '__getattribute__', '__getitem__', '__
getnewargs__', '__gt__', '__hash__', '__init__', '__init_subclass__', '__it
er__', '__le__', '__len__', '__lt__', '__mod__', '__mul__', '__ne__', '__ne
w__', '__reduce__', '__reduce_ex__', '__repr__', '__rmod__', '__rmul__', '_
_setattr__', '__sizeof__', '__str__', '__subclasshook__', 'capitalize', 'ca
sefold', 'center', 'count', 'encode', 'endswith', 'expandtabs', 'find', 'fo
rmat', 'format_map', 'index', 'isalnum', 'isalpha', 'isascii', 'isdecimal',
'isdigit', 'isidentifier', 'islower', 'isnumeric', 'isprintable', 'isspace'
, 'istitle', 'isupper', 'join', 'ljust', 'lower', 'lstrip', 'maketrans', 'p
artition', 'replace', 'rfind', 'rindex', 'rjust', 'rpartition', 'rsplit',
'rstrip', 'split', 'splitlines', 'startswith', 'strip', 'swapcase', 'title',
'translate', 'upper', 'zfill']
```

图 4-5　使用 dir(str) 查看字符串的方法列表

**技能应用：**

解析身份证号使信息提取和分析更为便捷，并能够在多种实际情景中发挥作用，比如身份验证、年龄统计、个人信息管理等。这种技能不仅适用于开发人员，也适用于数据分析师、系统管理员和其他需要处理个人信息的领域。

### 2. 方法的调用方式

方法的调用方式是通过前导对象来调用的。

### 3. 常用的字符串处理方法

有关字符串处理的方法非常多，按照不同的功能，常用的方法可以分为：大小写转换、判断字符串中字符的类型、填充字符串、从字符串中搜索子串、判断字符串前缀 / 后缀、替换字符串、分割字符串、拼接字符串等。

#### （1）分割字符串

split() 方法可以按照指定分隔符对字符串进行分割。该方法返回由分割后的子串组成的一个列表。语法格式如下：

```
str.split(sep=None, maxsplit=-1)
```

参数说明：

- str：要进行分割的字符串。
- sep：分隔符，默认为空格，也可被设置为其他字符，如换行符（\n）、制表符

（\t）等。

■ maxsplit：分割次数，默认值为 -1，表示不限制分割次数。

下面分别以空格、指定字符为分隔符对字符串进行分割，代码如下：

```
str = "I like Python very much"
print(str.split())                      # 以空格作为分隔符
print("usr/local/nginx".split("/"))     # 以斜杠/作为分隔符
print(str.split(" ",2))                 # 以空格作为分隔符，只分割两次
```

运行程序，结果如下：

```
['I', 'like', 'Python', 'very', 'much']
['usr', 'local', 'nginx']
['I', 'like', 'Python very much']
```

**小贴士：**

由于字符串具有不可变性，所以这些操作都会产生新的字符串。

（2）拼接字符串

join() 方法使用指定的字符连接多个字符串或元组、列表中的多个元素，生成一个新字符串。其语法格式如下：

```
str.join(iterable)
```

参数说明：

■ Iterable：连接字符串或元素的字符。

通过 join() 方法拼接字符串，代码如下：

```
list = ["1", "2", "3", "4", "5"]
s = "*"
print(s.join(list))                # 使用"*"连接列表中的各个元素
print("-".join("python"))          # 使用"-"连接字符串中的各个字符
```

运行程序，结果如下：

```
1*2*3*4*5
p-y-t-h-o-n
```

### 4. 列表及其遍历

列表是 Python 中使用最频繁、也最灵活的序列类型，它可以包含任意数据类型的元素，而且没有长度的限制。使用者可以自由地对列表中的元素进行访问、添加、修改、删除等操作。

列表具有可迭代性，与字符串一样，可使用索引及切片方式访问列表元素，也可使用 for 循环遍历列表中的元素。代码如下：

```
cities = "Beijing Shanghai Guangzhou Shenzhen".split()
print("索引方式：", cities[2])
print("切片方式：", cities[1:3])
print("for循环方式：")
for city in cities:
    print(city)
```

运行代码，结果如下：

```
索引方式：Guangzhou
切片方式：['Shanghai', 'Guangzhou']
for循环方式：
Beijing
Shanghai
Guangzhou
Shenzhen
```

### 活动实施

小张和他的团队拿到的原始数据是多个身份证号码存放在一个字符串中，代码如下：

```
card_str = "420111199805100045,440902199903090431,420107199704240023,42010320000723007X"
```

使用 split() 方法，通过分隔符"，"把每个身份证号码从字符串中分割出来，并保存到变量 card_list 中，代码如下：

```
card_list = card_str.split(",")
print(card_list)
```

运行程序，结果如下：

```
['420111199805100045', '440902199903090431', '420107199704240023', '42010320000723007X']
```

通过循环控制语句获取每一个身份证号的信息，并使用切片和索引获取该身份证号的出生日期和性别信息，代码如下：

```
for card in card_list: # 使用for循环遍历列表card_list中的每一个身份证号
    birth = card[6:14]
    gender = card[-2]
    print(F"出生日期：{birth}")
    if int(gender)%2 == 0:
        genderOut = "女"
    else:
        genderOut = "男"
    print(F"性别：{genderOut}")
```

运行程序，结果如下：

```
出生日期：19980510
性别：女
出生日期：19990309
性别：男
出生日期：19970424
性别：女
出生日期：20000723
```

```
性别：男
```

小张和他的团队成员发现，虽然程序实现了批量提取身份证号码信息的功能，但是如果能把 8 位的出生日期改为用“-”间隔，年月日看起来是不是会更加清晰，也更符合人们的阅读习惯呢？他们想到了使用字符串的 join() 方法并以字符“-”进行连接，补充完善上述代码如下：

```
# 使用for循环遍历列表card_list中的每一个身份证号
for card in card_list:
    # 取出身份证号索引为6到9的字符串，即年份，存放到year中。
    year = card[6:10]
    # 取出身份证号索引为10到11的字符串，即月份，存放到month中。
    month = card[10:12]
    # 取出身份证号索引为12到13的字符串，即天，存放到day中。
    day = card[12:14]
    # 创建列表birth_list，把年月日组织起来
    birth_list = [year,month,day]
    # 使用join()方法，用-把列表birth_list中的年月日连接起来
    birth_new = "-".join(birth_list)
    gender = card[-2]
    print(F"出生日期：{birth_new}")
    if int(gender)%2 == 0:
        genderOut = "女"
    else:
        genderOut = "男"
    print(F"性别：{genderOut}")
```

运行程序，结果如下：

```
出生日期：1998-05-10
性别：女
出生日期：1999-03-09
性别：男
出生日期：1997-04-24
性别：女
出生日期：2000-07-23
性别：男
```

**素养园地：**

重视个人隐私保护，提高隐私意识。例如，在现实生活中，身份证号码是一个非常敏感的信息，但是，在某些情况下又需要使用身份证号码进行相关操作，如数据分析或系统集成等。可以通过对身份证号码关键信息遮盖等方法，实现保护个人隐私信息的目的。

## 活动 2　批量遮盖身份证号码关键信息

### 活动准备

#### 1. 替换字符串

replace() 方法用于将一个字符串中的指定子串替换成另外一个字符串，并返回替换后的新字符串。如果在原字符串中未找到要替换的子字符串，那么该方法就返回原

字符串。语法格式如下：

```
str.replace(old, new[, count])
```

参数说明：

■ str：要进行替换的字符串

■ old: 将被替换的子串。

■ new: 替换的新子串。

■ count: 替换的次数，默认全部替换。

以下代码演示如何使用 replace() 方法实现字符串替换：

```
str = "Do not Trouble Trouble before Trouble Troubles you."
# 将Trouble替换为trouble，不指定次数，即全部替换
newStr1 = str.replace("Trouble", "trouble")
print(newStr1)
newStr2 = str.replace("Trouble", "trouble", 2)    # 指定替换2次
print(newStr2)
```

运行代码，结果如下：

```
Do not trouble trouble before trouble troubles you.
Do not trouble trouble before Trouble Troubles you.
```

### 2. 字符串操作符

Python 提供了字符串的操作符，见表 4-2。

表 4-2　字符串操作符及说明

| 操　作　符 | 说　　明 |
|---|---|
| + | 连接字符串 |
| * | 复制字符串 |
| in，not in | 检查字符串中是否存在或不存在某个子串 |

下面以 x="Hello"，y="World" 为例，演示 Python 中字符串操作符的使用，代码如下：

```
x = "Hello"
y = "World"
print(x + y)              # 使用+连接两个字符串
print(x * 4)              # 使用*复制4次字符串
print(x in y)             # 检查字符串Hello是否存在于World中
```

运行程序，结果如下：

```
HelloWorld
HelloHelloHelloHello
False
```

> **小贴士：**
> Python 中字符串属于不可变类型，在循环连接字符串的时候会产生新字符串，每生成一个新字符串就需要申请一次内存空间，内存操作频繁。
> 虽然通过 “+” 操作符可以连接多个字符串，但是效率非常低。Python 不建议使用 “+” 操作符拼接字符串。

## 活动实施

小张和他的团队经过讨论认为，要用 “*” 遮盖身份证号码的关键信息（出生日期）

就是把身份证号码的第 6 ～ 13 位字符用“*”替换，可以使用 replace() 方法实现，代码如下：

```
card = "440902199010100045"
card_list = card.replace(card[6:14], "*" * 8)
print(card_list)
```

运行程序，结果如下：

```
440902********0045
```

当有多个身份证号码的关键信息需要遮盖时，代码如下：

```
card_str = "420111199805100045,440902199903090431,420107199704240023,42010320000723007X"
card_list1 = card_str.split(",")
for card in card_list1:
    card_list = card.replace(card[6:14], "*" * 8)
    print(card_list)
```

运行程序，结果如下：

```
420111********0045
440902********0431
420107********0023
420103********007X
```

**问题思考：**

你还知道哪些可以批量遮盖身份证号码关键信息的方法？

**解决方案：**

方法一：使用切片和操作符“+”。

```
card_str = "420111199805100045,440902199903090431,420107199704240023,42010320000723007X"
card_list1 = card_str.split(",")
for card in card_list1:
    card_list = card[0:6] + 8 * "*" + card[-4:]
    print(card_list)
```

方法二：使用 join() 方法。

```
card_str = "420111199805100045,440902199903090431,420107199704240023,42010320000723007X"
card_list1 = card_str.split(",")
for card in card_list1:
    card1 = list(card)
    card1[6:14] = ["*"] * 8
    card_list = "".join(card1)
    print(card_list)
```

**素养园地：**

你还知道有哪些方法吗？

- 通过编程培养分析问题解决问题的能力。
- 通过编程培养举一反三的能力。
- 通过编程培养多途径解决问题的能力。

## 任务评价

请教师和学生填写表 4-3，对任务实施情况进行评价、反思并提出改进措施。

表 4-3　职业能力评价、反思和改进

<table>
<tr><td colspan="9">任务名称：</td></tr>
<tr><td>班级</td><td></td><td>小组</td><td></td><td>姓名</td><td></td><td>日期</td><td colspan="2">年　月　日</td></tr>
<tr><td rowspan="9">职业能力评价</td><td colspan="5">能　力</td><td>自评</td><td>组内互评</td><td>教师评</td></tr>
<tr><td>自我管理能力<br>（20 分）</td><td colspan="4">1. 出勤情况。<br>2. 遵守纪律情况。<br>3. 任务完成情况，有无提问记录。<br>4. 主动参与活动情况</td><td></td><td></td><td></td></tr>
<tr><td>合作交流能力<br>（10 分）</td><td colspan="4">1. 能够使用文明礼貌用语，有效地沟通。<br>2. 能够与组员主动交流，积极合作</td><td></td><td></td><td></td></tr>
<tr><td>解决问题能力<br>（10 分）</td><td colspan="4">1. 能够有效获取和使用信息资源。<br>2. 能够客观分析任务，发现并解决问题</td><td></td><td></td><td></td></tr>
<tr><td>任务创新能力<br>（10 分）</td><td colspan="4">1. 能够提出有价值的观点和建议。<br>2. 能够举一反三，运用不同的方法完成任务</td><td></td><td></td><td></td></tr>
<tr><td>综合能力<br>（50 分）</td><td colspan="4">1. 任务结果完整，并按要求命名和存放。<br>2. 能够很好理解任务的相关知识点，熟练完成任务操作。<br>3. 能有效地参与任务评价</td><td></td><td></td><td></td></tr>
<tr><td colspan="5">合计得分</td><td></td><td></td><td></td></tr>
<tr><td colspan="5">总评得分</td><td colspan="3"></td></tr>
<tr><td colspan="8">注：总评得分 = 自评合计得分 × 20% + 组内互评合计得分 × 20% + 教师评合计得分 × 60%</td></tr>
<tr><td rowspan="3">反思与改进</td><td colspan="8">1. 你认为本任务最有价值的内容是：</td></tr>
<tr><td colspan="8">2. 下列问题需要进一步了解或得到帮助：</td></tr>
<tr><td colspan="8">3. 为使学习更有效，你对本任务教学的建议是：</td></tr>
</table>

从身份证号码中获取年龄信息

视频内容：

① datetime 模块。

② datetime 模块的核心类。

③ 获取日期时间。

④ date 类的常用属性。

⑤ 从身份证号码中获取年龄信息。

## 拓展任务　从身份证号码中获取年龄信息

### 任务描述

小张和他的团队发现，从身份证号码中提取的出生日期减去当前的日期就可以计算出身份证号对应的年龄。那么如何获取当前的时间呢？

## 任务分析

王经理建议小张和他的团队可以先了解 Python 的时间处理模块——datetime 模块。最终小张和他的团队通过学习与实践完成了任务，并在实践中解决了一系列问题。

## 任务目标与重难点

| 任务目标 | 从身份证号码中获取年龄信息 |
| --- | --- |
| 任务重点和难点 | 了解什么是 datetime 模块、datetime 模块的核心类和 date 类的常用属性（重点） |
| | 如何获取日期时间（难点） |

## 任务准备

### 1. datetime 模块

datetime 模块是 Python 标准库中用于处理日期和时间的模块，包含处理日期、时间、时间间隔的类和函数，可以方便地进行时间的计算、格式化、输出等操作。

### 2. datetime 模块的核心类

datetime 模块定义了六个核心类。这些类的功能说明见表 4-4。

表 4-4　datetime 模块的核心类及其功能说明

| 类　名 | 说　明 |
| --- | --- |
| date | 表示具体日期，精确到天 |
| time | 表示具体时间，可精确到微秒 |
| datetime | 表示具体的日期时间，可以理解为 date 和 time |
| timedelta | 表示具体的时间差 |
| tzinfo | 表示日期与时间的时区 |
| timezone | tzinfo 抽象基类，表示与 UTC 的固定偏移量 |

### 3. 获取日期时间

#### （1）datetime 类获取日期时间

■ datetime.datetime.today()

today() 方法会返回一个表示本地当前日期与时间的 datetime 对象，时间会精确到微秒，代码如下：

```
import datetime
print(datetime.datetime.today())
```

运行程序，结果如下：

```
2024-05-06 21:41:51.643000
```

■ datetime.datetime.now([tz])

now() 方法会返回指定时区日期和时间的 datetime 对象，时间同样会精确到微秒，若不指定 tz（时区）参数，将返回本地的日期与时间，作用等同于 today() 方法。代码如下：

```
import datetime
print(datetime.datetime.now())
```

运行程序，结果如下：

```
2024-05-06 21:45:31.022308
```

（2）date 类获取日期

■ datetime.date.today()

today() 方法会返回一个表示本地当前日期的 date 对象，代码如下：

```
import datetime
print(datetime.date.today())
```

运行程序，结果如下：

```
2024-05-06
```

### 4. date 类的常用属性

创建好 date 对象以后，可以使用对象的属性进一步控制时间的输出格式。data 类中常用的属性见表 4-5。

表 4-5　date 类的常用属性

| 属　性 | 说　明 |
| --- | --- |
| year | 返回日期包含的年份 |
| month | 返回日期包含的月份 |
| day | 返回日期包含的日 |

## 任务实施

小张和他的团队通过 datetime 模块获取了当前的日期并依据身份证号计算出年龄，代码如下：

```
import datetime
id_card = "320102199005071234"
birth_year = int(id_card[6:10])
birth_month = int(id_card[10:12])
birth_day = int(id_card[12:14])
today = datetime.date.today()
age = today.year - birth_year - ((today.month,today.day)<(birth_month,birth_day))
print(f"今天是{today.year}年{today.month}月{today.day}日")
print(F"身份证号码{id_card}的年龄是{age}岁")
```

运行程序，结果如下：

```
今天是2024年5月6日
身份证号码320102199005071234的年龄是33岁
```

**技术应用：**

Python 输出身份证号对应的年龄，在实际应用中有很多场景。

① 人口统计分析：身份证号是人口统计数据的重要标识。通过 Python 计算身份证号对应的年龄，可以帮助政府和企业更好地了解人口结构和变化趋势。

② 车险理赔：车险理赔时，需要对车主的年龄进行核实。通过 Python 计算身份证号对应的年龄，可以方便快捷地核实车主的年龄。

③ 医疗信息管理：医院等机构需要对患者的年龄进行统计和分析。通过 Python 计算身份证号对应的年龄，可以方便快捷地获取患者的年龄信息。

## 任务评价

请教师和学生填写表 4-6，对任务实施情况进行评价、反思并提出改进措施。

表 4-6　职业能力评价、反思和改进

<table>
<tr><td colspan="8">任务名称：</td></tr>
<tr><td>班级</td><td></td><td>小组</td><td></td><td>姓名</td><td>日期</td><td colspan="2">年　月　日</td></tr>
<tr><td rowspan="8">职业能力评价</td><td colspan="4">能　力</td><td>自评</td><td>组内互评</td><td>教师评</td></tr>
<tr><td>自我管理能力（20 分）</td><td colspan="3">1. 出勤情况。<br>2. 遵守纪律情况。<br>3. 任务完成情况，有无提问记录。<br>4. 主动参与活动情况</td><td></td><td></td><td></td></tr>
<tr><td>合作交流能力（10 分）</td><td colspan="3">1. 能够使用文明礼貌用语，有效地沟通。<br>2. 能够与组员主动交流，积极合作</td><td></td><td></td><td></td></tr>
<tr><td>解决问题能力（10 分）</td><td colspan="3">1. 能够有效获取和使用信息资源。<br>2. 能够客观分析任务，发现并解决问题</td><td></td><td></td><td></td></tr>
<tr><td>任务创新能力（10 分）</td><td colspan="3">1. 能够提出有价值的观点和建议。<br>2. 能够举一反三，运用不同的方法完成任务</td><td></td><td></td><td></td></tr>
<tr><td>综合能力（50 分）</td><td colspan="3">1. 任务结果完整，并按要求命名和存放。<br>2. 能够很好理解任务的相关知识点，熟练完成任务操作。<br>3. 能有效地参与任务评价</td><td></td><td></td><td></td></tr>
<tr><td colspan="4">合计得分</td><td></td><td></td><td></td></tr>
<tr><td colspan="4">总评得分</td><td colspan="3"></td></tr>
<tr><td></td><td colspan="7">注：总评得分 = 自评合计得分 × 20% + 组内互评合计得分 × 20% + 教师评合计得分 × 60%</td></tr>
<tr><td rowspan="3">反思与改进</td><td colspan="7">1. 你认为本任务最有价值的内容是：</td></tr>
<tr><td colspan="7">2. 下列问题需要进一步了解或得到帮助：</td></tr>
<tr><td colspan="7">3. 为使学习更有效，你对本任务教学的建议是：</td></tr>
</table>

## 素养提升　加强网络治理，净化网络环境

小张和他的团队思考如何杜绝网络上发表的不文明用语。王经理建议小张和他的团队可以使用字符串处理方法对文本进行过滤。文本过滤是一种常见的文本处理任务，可以过滤掉一些不合适或者不良的文本内容。

小张和他的团队成员通过遍历不文明用语词库和替换字符串等方法完成了任务，代码如下：

```
libiary = ["垃圾","山寨","盗版软件"]   # 建立不文明用语词库
text = input("请输入一段文字：")
for word in libiary:
    if word in libiary:
        text = text.replace(word,"*" * len(word))
print(text)
```

运行程序，结果如下：

```
请输入一段文字：很全的盗版软件，盗版软件不是垃圾，盗版软件不是山寨的，走过路过不要错过！
很全的****，****不是**，****不是**的，走过路过不要错过！
```

**举一反三：**

replace() 方法还能实现字符串的查找和替换，代码如下：

```
text = input("请输入一段文字：")
print(text)
text_find = input("请输入要查找的文字：")
text_replace = input("请输入要替换的文字：")
text = text.replace (text_find,text_replace)
print(text)
```

程序运行结果如下：

```
请输入一段文字：我们爱东莞，东莞也爱我们，来了就是东莞人！
我们爱东莞，东莞也爱我们，来了就是东莞人！
请输入要查找的文字：东莞
请输入要替换的文字：深圳
我们爱深圳，深圳也爱我们，来了就是深圳人！
```

**素养园地：**

规范网络建设，净化网络环境，对每一位网民来说，不仅是约束，也是保护。我们要树立正确的价值观，不仅要有明辨是非的认知能力，不妄加评论，又要树立正确的荣辱观，吸收积极向上的信息，自觉屏蔽垃圾信息。

## 项目总结

本项目首先通过课前任务微视频讲解了什么是字符串，字符串的基本操作方法及字符串的定义规范，之后介绍了字符串的索引、切片的方法、字符串的操作方法、datetime 模块等内容。通过本项目的学习，希望大家能掌握字符串的基本操作并能解决实际问题。

## 巩固与应用

### 1. 单选题

① 若字符串 str1 = “happy new year”，则 str1[3:8] 的值为（　　）。

请使用微信“扫一扫”扫码进行课后小测

A. py ne B. ppy ne C. ppy n D. py new

② 下列方法中，能够让所有单词的首字母变成大写的方法是（　　）。

A. capitalize B. title C. upper D. ljust

③ 以下关于字符串类型的操作的描述，错误的是（　　）。

A. str.replace(x,y) 方法把字符串 str 中所有的 x 子串都替换成 y

B. 想把一个字符串 str 所有的字符都大写，用 str.upper()

C. 想获取字符串 str 的长度，用字符串处理函数 str.len()

D. 设 x = 'aa'，则执行 x*3 的结果是 'aaaaaa'

④ 设 str = 'python'，想把字符串的第一个字母大写，其他字母还是小写，正确的选项是（　　）。

A. print(str[0].upper()+str[1:]) B. print(str[1].upper()+str[-1:1])

C. print(str[0].upper()+str[1:-1]) D. print(str[1].upper()+str[2:])

⑤ 设 Str = 'I Love python'，则下列操作结果错误的是（　　）。

A. print(Str[0]) 的结果为 : 'I'

B. print(Str[0:7:2]) 的结果为 : 'ILv'

C. print(" Love " in Str) 的结果为 : False

D. print(Str[::-1] + " S") 的结果为：'nohtyp evoL I S'

⑥ 字符串 s="I love Python"，以下程序的输出结果是（　　）。

```
S = "I love Python"
ls = S.split()
ls.reverse()
print(ls)
```

A. Python,love,I B. Python love I

C. None D. ['Python', 'love', 'I']

⑦ 同时去掉字符串左边和右边空格的函数是（　　）。

A. center() B. count() C. format() D. strip()

⑧ a= "abcd"，若想将 a 变为 "ebcd"，则下列语句正确的是（　　）。

A. a[0]= "e" B. a= "e" + a[1:]

C. replace("a","e") D. a[1]= "e"

⑨ str ="Python 语言程序设计 "，表达式 str.isnumeric() 的结果是（　　）。

A. True B. 1 C. 0 D. False

⑩ 运行以下程序，输出结果是（　　）。

```
print(" love ".join(["Everyday","Yourself","Python",]))
```

A. Everyday love Yourself B. Everyday love Python

C. love Yourself love Python D. Everyday love Yourself love Python

⑪ 表达式 "Beautiful is better than ugly.".find("beautiful") 的值为（　　）。

A. 0 B. -1 C. 1 D. 引发异常

⑫ 表达式 "Beautiful is better than ugly.".index("beautiful") 的值为（　　）。

A. 0　　B. −1　　C. 1　　D. 引发异常

⑬ 已知 x= "123" 和 y= "456"，那么表达式 x+y 的值为（　　）。

A. '123456'　　B. '579'　　C. '123+456'　　D. '456123'

⑭ 表达式 "a\nb\n\n\nc".split() 的值为（　　）。

A. ['a' , 'b' , '' , '' , 'c']　　B. ['a', 'b', 'c']

C. ['a\n' , 'b\n' , 'c']　　D. ['abc']

## 2. 多选题

①（　　）是字符串的处理方法。

A. title()　　B. endswith()

C. islower()　　D. strip()

② s= "I love Python"，可以输出 "PYTHON" 的语句是（　　）。

A. print(s[7:13].upper())　　B. print(s[7:13].lower())

C. print(s[7:].upper())　　D. print(s[7:12])

## 3. 判断题

① 关于字符串的操作索引与切片，索引是取出串中一个字符；切片是取出一片字符。（　　）

② Python 字符串方法 replace() 对字符串进行原地修改。（　　）

③ 如果需要连接大量字符串成为一个字符串，那么使用字符串对象的 join() 方法比运算符 + 具有更高的效率。（　　）

④ strip() 方法默认会删除字符串左、右两侧的空格，如果想只删除字符串左侧的空格，则需要使用 rstrip() 方法。（　　）

## 4. 程序设计题

编写程序，判断一个字符串是否为回文字符串。

# 项目 5 制作通讯录

##  项目综述

项目导读

### 项目导读

为了更好地管理学生信息，方便学校更快联系到学生，东华职业技术学院委托华信智能技术有限公司制作学生通讯录。小张和他的团队承担了这项任务，要制作的通讯录数量较多，如果一个一个制作，效率很低。王经理建议他们，通讯录有固定格式，上面的信息主要包含姓名、班级、电话、电子邮箱及地址等内容，可以使用函数完成这项工作，先定义一个制作通讯录的函数，每调用一次函数就完成一个通讯录的制作，这样可以有效减少冗余代码，使得程序结构更加清晰、工作效率更高。

### 项目目标

| 知识目标 | 能力目标 | 素质目标 |
| --- | --- | --- |
| ◎掌握函数的定义和调用方法；<br>◎掌握函数参数的六种传递方式；<br>◎掌握函数的返回值；<br>◎理解局部变量和全局变量；<br>◎掌握递归函数的定义和使用 | ◎能通过定义函数和调用函数编写模块化程序，简化代码；<br>◎能通过不同方式的函数参数传递和返回值，构造合适的、功能强大的函数；<br>◎能使用递归函数解决问题 | ◎培养学生分析问题，解决实际问题的能力；<br>◎培养学生团队合作的能力；<br>◎培养学生严谨细致的工作态度；<br>◎培养学生的协作、宽容和探索精神 |

### 项目导图

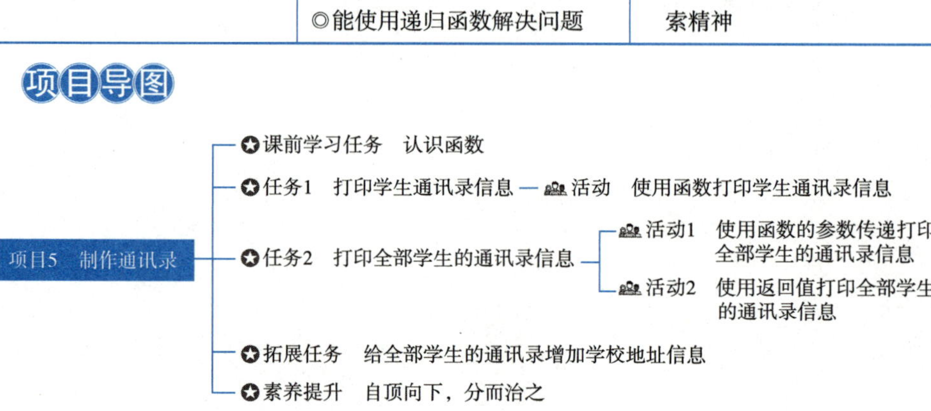

# 课前学习任务

扫一扫侧边二维码观看课前学习视频，并完成下面的题目。

认识函数

视频内容：
① 为什么要使用函数?
② 什么是函数?
③ 函数的分类。
④ 使用函数的好处。

请使用微信“扫一扫”扫码答题

### 1. 单选题

① 以下关于函数的描述，错误的是（　　）。

A. 函数是一种功能抽象

B. 使用函数只是为了增加代码复用

C. 函数名可以是任何有效的 Python 标识符

D. 使用函数后，降低了代码的维护难度

② Python 中的函数不包括（　　）。

A. 标准库函数　　B. 第三方库函数

C. 内置函数　　D. 参数函数

③ 关于 Python 函数的使用，正确的是（　　）。

A. 所有函数需要先定义后使用

B. 函数不需要定义就可以使用

C. 函数定义保存后才可以使用

D. 用户自定义函数需要定义后使用

④ 下列使用函数的优点不包括（　　）。

A. 减少代码重复　　B. 可以展现智力优势

C. 使程序更加模块化　　D. 使程序便于阅读

⑤ 关于函数作用的描述，以下选项中错误的是（　　）。

A. 复用代码　　B. 增强代码的可读性

C. 降低编程复杂度　　D. 提高代码执行速度

### 2. 判断题

① 函数是代码复用的一种方式。（　　）

② Python 不允许使用关键字作为变量名，允许使用内置函数名作为变量名，但这会改变函数名的含义。（　　）

# 任务 1　打印学生通讯录信息

## 任务综述

### 任务描述

学生通讯录包括学生姓名、班级、电话、电子邮箱以及地址等信息，因此打印一个学生的这些信息至少需要五条 print() 语句。

### 任务分析

如果每打印一个学生信息，都编写相同的五条语句，会产生大量重复代码，严重影响代码的编写和执行效率。使用函数可以解决这个问题。

## 任务目标与重难点

| 任务目标 | 使用函数打印学生通讯录信息 |
| --- | --- |
| 任务重点和难点 | 函数的定义和调用（重点） |
| | 函数调用的流程（难点） |

## 活动　使用函数打印学生通讯录信息

使用函数打印学生通讯录信息

视频内容：

① 定义函数。

② 调用函数。

③ 函数调用的流程。

④ 使用函数打印学生通讯录信息。

### 活动准备

函数的使用可以分为函数的定义和函数的调用两部分。函数只需要定义一次，便可以无限次地被重复使用。

#### 1. 定义函数

Python 使用关键字 def 来定义函数，语法格式如下：

```
def 函数名([参数列表]):
    ['''文档字符串''']
    函数体
    [return 语句]
```

小贴士：

根据参数的有无，函数分为带参函数和无参函数。

参数说明：

■ 关键字 def：函数的开始标志。

■ 函数名：函数的唯一标识，遵循标识符的命名规则。

■ 参数列表：表示传入函数中的数据，可以为空、一个或多个。多个参数之间使用逗号分隔。

■ 文档字符串：用于描述函数的功能，可以省略。

■ 函数体：实现函数功能的具体代码，由一行或多行 Python 语句构成。

■ return 语句：返回函数的处理结果给调用方，标志着函数的结束。若函数需要返回值，则使用 return 语句返回，否则可以省略 return 语句。

小贴士：

函数参数列表中的参数是形式参数（形参）。

形参用来接收调用该函数时传入函数的参数。

形参只会在函数被调用时才分配内存空间，一旦调用结束就会即刻释放，因此，形参只在函数内部有效。

定义一个计算两个数之和的函数，代码如下：

```
def add():
    result = 10 + 20
    print(result)
```

以上定义了一个名为 add() 的函数。对比函数的语法格式可以发现，它没有参数，也没有返回值，其功能就是计算 10 和 20 的和，并把结果 30 打印出来，具有很大的局限性。后面我们会讲到函数的参数和返回值。

#### 2. 调用函数

函数在定义完成后是不会执行的，必须要调用它才会执行。调用函数的语法格式如下：

```
函数名([参数列表])
```

参数说明：

■ 参数列表中的参数会被传递给函数的形参。

■ 调用函数时传入的具体参数称为实际参数（简称为实参）。实参可以是常量、变量、表达式、函数等。

调用前面定义的 add() 函数，代码如下：

```
add()
```

程序运行结果如下：

```
30
```

**问题思考：**

调用未定义的函数会怎样？

**问题解析：**

调用未定义的函数，解释器会报错，如图 5-1 所示。因此，函数在使用前必须已经被定义。

```
Traceback (most recent call last):
  File "D:\python\项目5\add.py", line 1, in <module>
    add()
    ^^^
NameError: name 'add' is not defined
```

图 5-1　调用未定义的函数报错

### 3. 函数调用的流程

程序执行时若遇到调用函数，会执行以下流程：

① 程序在函数调用处暂停执行。

② 为函数传入实参（可选）。

③ 执行函数体中的语句。

④ 程序接收函数的返回值（可选）。

⑤ 程序回到函数调用处继续向下执行。

函数内部也可调用其他函数，这是函数的嵌套调用。例如，定义一个函数 multiply()，其功能是计算两个数的乘积，在函数内部还调用了 add() 函数，代码如下：

```
def add():
    result = 10 + 20
    print(result)
def multiply():
```

```
        result1 = 10 * 20
        add()
        print(result1)
    multiply()
```

**问题思考：**

将第 6 行和第 7 代码调换位置，结果会怎样？

**问题解析：**

程序运行结果会反过来，即：

```
200
30
```

程序运行结果如下：

```
30
200
```

在此程序中，Python 解释器读取到第 1 行代码的关键字 def 时，标志此处定义了一个函数，其先将函数名和函数体存储在内存空间中，但不执行；解释器执行到第 4 行代码时又读取到关键字 def，其仍将函数名和函数体存储在内存空间中不执行；此时解释器执行到第 8 行代码，由于此处调用了 multiply() 函数，程序首先暂停执行，转到第 4 行代码定义的 multiply() 函数处，并执行其函数体内部的语句，执行完其函数体内部的第 5 行代码后，由于第 6 行代码调用了 add() 函数，因此，函数体内部的语句暂停执行，转到第 1 行代码定义的 add() 函数处，并执行其函数体内部的语句，执行完毕后再继续回到函数调用处即第 6 行代码处继续向下执行。

### 活动实施

小张和他的团队使用函数打印学生通讯录信息，代码如下：

```
def printMyAddress():                              # 定义函数
    print("张三")
    print("计算机应用1班")
    print("13523450000")
    print("zhangsan@163.com")
    print("深圳市宝安区宝安大道")
printMyAddress()                                   # 调用函数
```

程序运行结果如下：

```
张三
计算机应用1班
13523450000
zhangsan@163.com
深圳市宝安区宝安大道
```

## 任务评价

请教师和学生填写表 5-1，对任务实施情况进行评价、反思并提出改进措施。

表 5-1　职业能力评价、反思和改进

<table>
<tr><td colspan="8">任务名称：</td></tr>
<tr><td>班级</td><td></td><td>小组</td><td></td><td>姓名</td><td></td><td>日期</td><td colspan="2">年　月　日</td></tr>
<tr><td colspan="6">能　力</td><td>自评</td><td>组内互评</td><td>教师评</td></tr>
<tr><td rowspan="8">职业能力评价</td><td>自我管理能力（20 分）</td><td colspan="4">1. 出勤情况。<br>2. 遵守纪律情况。<br>3. 任务完成情况，有无提问记录。<br>4. 主动参与活动情况</td><td></td><td></td><td></td></tr>
<tr><td>合作交流能力（10 分）</td><td colspan="4">1. 能够使用文明礼貌用语，有效地沟通。<br>2. 能够与组员主动交流，积极合作</td><td></td><td></td><td></td></tr>
<tr><td>解决问题能力（10 分）</td><td colspan="4">1. 能够有效获取和使用信息资源。<br>2. 能够客观分析任务，发现并解决问题</td><td></td><td></td><td></td></tr>
<tr><td>任务创新能力（10 分）</td><td colspan="4">1. 能够提出有价值的观点和建议。<br>2. 能够举一反三，运用不同的方法完成任务</td><td></td><td></td><td></td></tr>
<tr><td>综合能力（50 分）</td><td colspan="4">1. 任务结果完整，并按要求命名和存放。<br>2. 能够很好理解任务的相关知识点，熟练完成任务操作。<br>3. 能有效地参与任务评价</td><td></td><td></td><td></td></tr>
<tr><td colspan="5">合 计 得 分</td><td></td><td></td><td></td></tr>
<tr><td colspan="5">总 评 得 分</td><td colspan="3"></td></tr>
<tr><td colspan="8">注：总评得分 = 自评合计得分 × 20% + 组内互评合计得分 × 20% + 教师评合计得分 × 60%</td></tr>
<tr><td rowspan="3">反思与改进</td><td colspan="8">1. 你认为本任务最有价值的内容是：</td></tr>
<tr><td colspan="8">2. 下列问题需要进一步了解或得到帮助：</td></tr>
<tr><td colspan="8">3. 为使学习更有效，你对本任务教学的建议是：</td></tr>
</table>

# 任务 2　打印全部学生的通讯录信息

## 任务综述

### 任务描述

函数的定义和调用方法使代码变得简洁清晰，但是不带参数的函数只能打印一个学生的通讯录信息，也就是函数功能是固定的，而要打印全部学生的通讯录信息，就要求调用同一个函数可以得到不同的输出结果。

### 任务分析

王经理提醒小张和他的团队认真研究函数的语法格式，没有带参数和返回值的函数作用十分有限。更多情况下，函数会添加参数和返回值，构造出形式多样、功能强大的函数。最终小张他们使用带参数和返回值的函数方法高效率地完成了任务。

### 任务目标与重难点

| 任务目标 | 打印全部学生的通讯录信息 |
|---|---|
| 任务重点和难点 | 函数的参数传递、函数的返回值（重点） |
| | 函数参数传递的灵活使用（难点） |

## 活动 1　使用函数的参数传递打印全部学生的通讯录信息

使用函数的参数传递打印全部学生的通讯录信息

视频内容：

①函数的参数传递。

②函数的参数传递方式。

③使用函数的参数传递打印学生通讯录信息。

### 活动准备

#### 1. 函数的参数传递方式

函数的参数传递是指在调用函数时，将实参传递给形参的过程。Python 中的函数支持以多种方式传递参数，包括位置传递、关键字传递、默认值传递、包裹传递、解包裹传递和混合传递。

#### 2. 参数的位置传递

参数的位置传递是指在调用函数时，默认按照位置顺序将对应的实参传递给形参，即将第一个实参分配给第一个形参，第二个实参分配给第二个形参，以此类推。例如，定义求和函数 add()，代码如下：

```
def add(a,b,c):
    print(a+b+c)
add(2,3)
```

运行程序后，控制台返回错误信息，如图 5-2 所示。

```
Traceback (most recent call last):
  File "D:\python\项目5\add.py", line 3, in <module>
    add(2,3)
TypeError: add() missing 1 required positional argument: 'c'
```

图 5-2　使用参数的位置传递调用函数时返回错误信息

问题诊断：通过位置传递方式传参时，实参的个数必须与形参的个数保持一致，否则程序会引发异常。

改进措施：修改实参的个数，使实参个数与形参个数保持一致。

代码如下：

```
def add(a,b,c):
    print(a+b+c)
add(2,3,6)
```

程序运行结果如下：

```
11
```

### 3. 参数的关键字传递

参数的关键字传递是指通过“形参 = 实参”的形式将形参与实参关联，根据形参的名称进行参数传递。在传递时，允许实参和形参的顺序不一致，且不需要记住每个参数的作用及其位置顺序，使得函数调用和参数传递更加灵活方便。对定义的求和函数 add() 使用参数的关键字传递，代码如下：

```
def add(a,b,c):
    print(a+b+c)
add(b=3,c=6,a=2)
```

程序运行结果如下：

```
11
```

### 4. 参数的默认值传递

在定义函数时可以为形参设置默认值。调用这种函数时，可以不用给带有默认值的形参传递实参，此时函数会直接使用默认值，也可以给这些形参传递实参，则本次调用中不使用默认值。带有默认值参数的函数定义语法格式如下：

```
def 函数名(..., 形参名=默认值):
    函数体
```

对定义的求和函数 add() 使用参数的默认值传递，代码如下：

```
def add(a=2,b=3,c=6):
    print(a+b+c)
add()
```

> **小贴士：** 在定义函数时，分别为三个参数 a、b、c 设置了默认值 2、3、6，在调用函数时未给带有默认值的形参传递实参，此时函数会直接使用默认值。

程序运行结果如下：

```
11
```

参数的默认值传递方式并不要求实参与形参的数量相等，代码如下：

```
def add(a=2,b=3,c=6):
    print(a+b+c)
add(a=5,b=7)
```

> **小贴士：** 在调用函数时，a 和 b 的值 5 和 7 将覆盖默认值 2 和 3，但是参数 c 保持不变，仍然使用默认值 6。

程序运行结果如下：

```
18
```

对上面程序进行修改，代码如下：

```
def add(a=2,b,c=6):
    print(a+b+c)
add(b=5)
```

运行程序后，控制台返回错误信息，如图 5-3 所示。

```
File "D:\python\项目5\add.py", line 1
  def add(a=2,b,c=6):
            ^
SyntaxError: non-default argument follows default argument
```

图 5-3　使用参数的默认值传递调用函数时返回错误信息

问题诊断：控制台提示“语法错误，无默认值参数跟在默认值参数后面”。在 Python 的函数定义中，有默认值的参数要放在所有无默认值的参数后面，否则会引发异常。

改进措施：改无默认值参数和有默认值参数的位置，确保有默认值的参数放在所有无默认值的参数后面。

**小贴士：**

当函数的参数较多时，为方便调用函数，一般只需要指定其中少量参数，其他参数采用默认值。

代码如下：

```
def add(b,a=2,c=6):
    print(a+b+c)
add(b=5)
```

程序运行结果如下：

```
13
```

### 5. 参数的包裹传递

定义函数时如果不确定需要传递多少个参数，可以使用包裹位置参数或者包裹关键字参数来进行参数传递。两者可搭配使用，也可单独使用。其语法格式如下：

```
def 函数名([formal_args,] *args, **kwargs):
    函数体
    [return 语句]
```

参数说明：

■ *args：是在形参前面添加一个星号“*”，表示形参 args 的类型为元组，用于接收以元组形式打包的数量不定的位置参数。调用函数时传入的所有参数会被 *args 以元组形式保存起来。例如，使用 *args 对不确定数量的参数求和，代码如下：

```
def add(*args):
    result = 0
    for num in args:
        result += num
    print(result)
add(1,3,4,9)
add(5,8,1,4,7,9)
```

程序运行结果如下：

```
17
34
```

■ **kwargs 是不定长参数，是在形参前面添加两个星号“**”，表示形参 kwargs 的类型为字典。**kwargs 用于接收以字典形式打包的数量不定的关键字参数，即实参形式为“键 = 值”。调用函数时传入的所有参数会被 **kwargs 以字典形式保存起来。例如，使用 **kwargs 对不确定数量的参数求和，代码如下：

```
def add(**kwargs):
    result = 0
    for num in kwargs.values():
        result += num
    print(result)
add(a=1,b=3,c=4,d=9)
add(a=5,b=8,c=1,d=4,e=7,f=9)
```

程序运行结果如下：

```
17
35
```

### 6. 参数的解包裹传递

调用函数时，若函数接收的实参为元组或字典类型，可以使用“*”和“**”对函数参数进行解包裹，将实参拆分为多个值，并按照位置传递或关键字传递方式将值赋给各个形参。

#### （1）元组解包裹

定义需要接收四个参数的求和函数 add()，调用 add() 函数并向该函数传入了一个包含四个元素的元组 args，由于元组 args 的前面添加了“*”，Python 对 args 进行解包裹操作，将 args 元组中的四个元素拆分为四个值，并分别按顺序赋值给形参 a、b、c、d，代码如下：

```
def add(a,b,c,d):
    print(a+b+c+d)
args = (1,3,4,9)
add(*args)
```

程序运行结果如下：

```
17
```

#### （2）字典解包裹

若调用 add() 函数，并向该函数传入一个包含四个键值对的字典 kwargs，由于字典 kwargs 的前面添加了“**”，Python 对 kwargs 进行解包裹操作，将字典 kwargs 中的四个键值对拆分为四个值，并分别按参数名称赋值给形参 a、b、c、d，代码如下：

```
def add(a,b,c,d):
    print(a+b+c+d)
kwargs = {"a":1,"b":3,"c":4,"d":9}
add(**kwargs)
```

程序运行结果如下：

```
17
```

**小贴士：**

在调用函数时，函数参数的各种传递方式可以混合使用，但是在使用的过程中要注意前后的顺序，混合使用的基本原则如下：

先按照参数的位置传递。再按照参数的关键字传递。最后按包裹的形式传递。

### 活动实施

小张和他的团队定义了一个用于打印通讯录的函数，通过参数的位置传递，每调用一次函数可打印一名学生的通讯录信息，代码如下：

```
def printAddress(name, cls, phone, mail, address):
                                # 定义函数，功能是打印学生的通讯录
    print("姓名：", name)
    print("班级：", cls)
    print("电话：", phone)
    print("电子邮箱：", mail)
    print("地址：", address)
    print()                     # 为了美观，打印完一个学生的通讯录后换行
printAddress("张三", "计算机应用1班", "13523450000", "zhangsan@163.com",
"深圳市宝安区宝安大道")
printAddress("李四", "计算机应用1班", "13820660000", "33550000@qq.com",
"广州市天河区天河路")
```

程序运行结果如下：

```
姓名：张三
班级：计算机应用1班
电话：13523450000
电子邮箱：zhangsan@163.com
地址：广东省广州市天河路123号

姓名：李四
班级：计算机应用1班
电话：13820660000
电子邮箱：33550000@qq.com
地址：广州市天河区天河路
```

小张和他的团队发现，在打印某个班级的通讯录时，cls 这个参数是一样的，因此可以使用参数的默认值传递给 cls 一个默认值，修改代码如下：

```
def printAddress(name, phone, mail, address, cls="计算机应用1班"):
    print("姓名：", name)
    print("班级：", cls)
    print("电话：", phone)
    print("电子邮箱：", mail)
    print("地址：", address)
    print()
printAddress("张三", "13523450000", "zhangsan@163.com", "深圳市宝
安区宝安大道")
printAddress("李四", "13820660000", "33550000@qq.com", "广州市天河
区天河路")
```

程序运行结果不变。

## 活动 2　使用返回值打印全部学生的通讯录信息

使用返回值打印全部学生的通讯录信息

视频内容：

①函数的返回值。

②函数返回值的作用。

③过滤单词。

④使用返回值打印全部学生的通讯录信息。

### 活动准备

**1. 函数的返回值**

函数的返回值是指函数被调用之后，执行函数体中的代码所得到的结果。函数的返回值可通过 return 语句返回，可以是任何数据类型，包括整数、浮点数、字符、字符串、布尔值等。函数中的 return 语句是可选项，可以出现在函数体的任何位置。

**2. 函数返回值的作用**

①结束当前函数，将程序返回到函数被调用的位置继续执行。

②将函数中的数据返回给主程序。

定义一个过滤单词的函数，把“hello”替换为“***”，再对过滤后的字符串进行二次处理，以空格进行分隔。代码如下：

```
def filter_string(str):          # 定义一个过滤单词的函数
    if 'hello' in str:
        new_str = str.replace('hello', '***')
split_string = filter_string('hello world hello China').split()
print(split_string)
```

小贴士：

①如果函数没有 return 语句，则返回 None，返回类型是 NoneType。

②不带参数值的 return 语句返回 None，返回类型是 NoneType。

运行程序后，控制台返回错误信息，如图 5-4 所示。

```
Traceback (most recent call last):
  File "D:\python\项目5\filter_string.py", line 4, in <module>
    split_string = filter_string('hello world hello China').split()
                   ^^^^^^^^^^^^^^^^^^^^^^^^^^^^^^^^^^^^^^^^^^^^^^^
AttributeError: 'NoneType' object has no attribute 'split'
```

图 5-4　对字符串进行分割时返回错误信息

**问题诊断：**该函数没有 return 语句，因此其返回值为 None，因为调用函数后没有返回字符串，所以也不能对字符串进行分割处理。

**改进措施：**给函数添加 return 语句，调用函数 filter_string() 后可以得到过滤后的字符串“*** world *** China”，再对返回结果使用 split() 方法进行分割。

代码如下：

```
def filter_string(str):          # 定义一个过滤单词的函数
    if 'hello' in str:
        new_str = str.replace('hello', '***')
    return new_str               # 返回过滤后的字符串

split_string = filter_string('hello world hello China').split()
                                 # 对返回结果使用split()进行分割
print(split_string)
```

程序运行结果如下：

```
['***', 'world', '***', 'China']
```

### 活动实施

小张和他的团队使用返回值打印全部学生通信讯信息，可以得到和使用函数的参数传递打印全部学生的通讯录信息同样的结果。代码如下：

```
def printAddress(name, phone, mail, address,cls="计算机应用1班"):
    return '姓名:' + name + '\n班级:' + cls + '\n电话:' + phone +
'\n电子邮箱:' + mail + '\n地址:' + address + '\n'

print(printAddress('张三', '13523450000', 'zhangsan@163.com', '深圳市宝安区宝安大道'))
print(printAddress('李四', '13820660000', '33550000@qq.com', '广州市天河区天河路'))
```

## 任务评价

请教师和学生填写表 5-2，对任务实施情况进行评价、反思并提出改进措施。

表 5-2　职业能力评价、反思和改进

| 任务名称： | | | | | | | | |
|---|---|---|---|---|---|---|---|---|
| 班级 | | 小组 | | 姓名 | | 日期 | 年　月　日 | |
| 职业能力评价 | 能　力 | | | | | 自评 | 组内互评 | 教师评 |
| | 自我管理能力（20 分） | 1. 出勤情况。<br>2. 遵守纪律情况。<br>3. 任务完成情况，有无提问记录。<br>4. 主动参与活动情况 | | | | | | |
| | 合作交流能力（10 分） | 1. 能够使用文明礼貌用语，有效地沟通。<br>2. 能够与组员主动交流，积极合作 | | | | | | |
| | 解决问题能力（10 分） | 1. 能够有效获取和使用信息资源。<br>2. 能够客观分析任务，发现并解决问题 | | | | | | |
| | 任务创新能力（10 分） | 1. 能够提出有价值的观点和建议。<br>2. 能够举一反三，运用不同的方法完成任务 | | | | | | |
| | 综合能力（50 分） | 1. 任务结果完整，并按要求命名和存放。<br>2. 能够很好理解任务的相关知识点，熟练完成任务操作。<br>3. 能有效地参与任务评价 | | | | | | |
| | 合计得分 | | | | | | | |
| | 总评得分 | | | | | | | |
| | 注：总评得分 = 自评合计得分 × 20% + 组内互评合计得分 × 20% + 教师评合计得分 × 60% | | | | | | | |

续表

| | |
|---|---|
| 反思与改进 | 1. 你认为本任务最有价值的内容是： |
| | 2. 下列问题需要进一步了解或得到帮助： |
| | 3. 为使学习更有效，你对本任务教学的建议是： |

## 拓展任务　给全部学生的通讯录增加学校地址信息

给全部学生的通讯录增加学校地址信息

视频内容：
① 变量的分类。
② 局部变量。
③ 全局变量。
④ 给全部学生的通讯录增加学校地址信息。

### 任务描述

委托方要求小张和他的团队给全部学生的通迅录增加学校地址信息，除了可以使用参数的位置传递、默认值传递等方法，还可以使用什么方法实现呢？

### 任务分析

王经理建议小张和他的团队可以了解一下变量。最终小张和他的团队通过学习与实践完成了任务，并在实践中解决了一系列问题。

### 任务目标与重难点

| | |
|---|---|
| 任务目标 | 给全部学生的通讯录增加学校地址信息 |
| 任务重点和难点 | 局部变量、全局变量（重点） |
| | 在函数内部使用 global 保留字声明变量为全局变量（难点） |

### 任务准备

变量并非在程序的任意位置都能被访问，能否被访问取决于变量定义的位置。变量在代码中的有效范围称为变量的作用域。根据变量所在的位置和有效范围，变量分为局部变量和全局变量。

#### 1. 局部变量

局部变量是指在函数内部定义的变量，只能在定义它的函数内部使用。函数执行结束后局部变量会被释放，无法再被访问。例如，在函数中定义一个局部变量 num，分别在函数内和函数外访问它，代码如下：

```
def test():
    num = 100              # 创建局部变量
    print(num)             # 函数内部访问局部变量
test()
print(num)                 # 函数外部访问局部变量
```

运行程序后，控制台返回错误信息，如图 5-5 所示。

```
100
Traceback (most recent call last):
  File "D:\python\项目5\test.py", line 5, in <module>
    print(num)              # 函数外部访问局部变量
      ^^^
NameError: name 'num' is not defined. Did you mean: 'sum'?
```

图 5-5　在函数外部访问局部变量引发异常

由上面结果可见，调用函数 test() 后，函数内部成功访问了局部变量 num 并打印出来，然后在函数 test() 外部直接使用 print() 访问局部变量 num，却引发了异常，说明局部变量的作用域只限于函数内部，在函数外部无法访问局部变量。

不同函数内部可以创建同名的局部变量，它们在各自的函数内使用，互不影响。例如，函数 test1() 中定义一个局部变量 num，函数 test2() 中也定义一个同名的局部变量 num，然后调用两个函数，分别在各自的函数内部访问并打印 num，代码如下：

```
def test1():
    num = 100
    print(num)              # 访问函数test1()的局部变量num
def test2():
    num = 200
    print(num)              # 访问函数test2()的局部变量num
test1()
test2()
```

程序运行结果如下：

```
100
200
```

### 2. 全局变量

全局变量是指在函数之外定义的变量，可以在整个程序的任意范围内生效，即它不受函数的影响，在程序的整个运行周期内都占用存储单元。例如，在函数 test() 外定义一个全局变量 num，然后分别在函数内外访问它，代码如下：

```
num = 100                   # 创建全局变量
def test():
    print(num)              # 函数内部访问全局变量
test()
print(num)                  # 函数外部访问全局变量
```

程序运行结果如下：

```
100
100
```

由上可见，无论是在函数内部还是外部，程序都可以访问全局变量。

但是，默认情况下，函数的内部只能获取全局变量，而不能修改全局变量的值。例如，在函数 test() 外定义一个全局变量 num，在该函数内部为变量 num 重新赋值，然后在函数的内部访问变量 num，最后在执行完函数后再访问变量 num，代码如下：

```
num = 100                    # 创建全局变量
def test():
    num = 200                # 定义了与全局变量同名的局部变量
    print(num)
test()
print(num)
```

程序运行结果如下：

```
200
100
```

由上可见，程序在函数 test() 内部访问的变量 num 为 200，函数外部访问的变量为 100。也就是说，函数的内部并没有修改全局变量的值，而是定义了一个与全局变量同名的局部变量。

在函数内部若要修改全局变量的值可提前使用保留字 global 声明。其语法格式如下：

```
global 全局变量
```

对上面定义的 test() 函数进行修改，在 test() 函数内部使用 global 保留字声明 num 为全局变量，然后重新给 num 变量赋值并将其输出，最后在函数执行完以后再次输出，代码如下：

```
num = 100                    # 创建全局变量
def test():
    global num               # 声明num为全局变量
    num = 200                # 函数内修改num变量
    print(num)
test()
print(num)
```

程序运行结果如下：

```
200
200
```

程序在函数内部和外部获取的变量 num 的值均为 200，也就是说在函数内部使用 global 对全局变量进行声明后，函数中对全局变量进行的修改在整个程序中都有效。

> **小贴士：**
> 虽然在 Python 里面可以让全局变量和局部变量重名，但是，我们在实际开发中，尽量避免两个变量重名，免得混淆、出错。

### 任务实施

小张和他的团队需要给每位学生的通讯录添加学校地址信息，因为所有学生的学校地址都是一样的，所以可以在程序中创建一个全局变量保存学校地址，由所有学生共用，在定义函数时访问全局变量并打印。代码如下：

```
school_address = "广州市白云区太和镇广州东华职业学院"  # 创建全局变量
def printAddress(name, phone, mail, address, cls="计算机应用1班"):
    print("姓名：", name)
    print("班级：", cls)
    print("电话：", phone)
    print("电子邮箱：", mail)
```

```
        print("地址：", address)
        print("学校地址:", school_address)         # 函数内部访问全局变量
        print()    # 为了美观，打印完一个学生的通讯录后换行
    printAddress("张三", "13523450000", "zhangsan@163.com", "深圳市宝
安区宝安大道")
    printAddress("李四", "13820660000", "33550000@qq.com", "广州市天河
区天河路")
```

程序运行结果如下：

```
姓名：张三
班级：计算机应用1班
电话：13523450000
电子邮箱：zhangsan@163.com
地址：深圳市宝安区宝安大道
学校地址：广州市白云区太和镇广州东华职业学院

姓名：李四
班级：计算机应用1班
电话：13820660000
电子邮箱：33550000@qq.com
地址：广州市天河区天河路
学校地址：广州市白云区太和镇广州东华职业学院
```

**举一反三：**

上面的程序是否可以将全局变量改为使用默认值参数？请写出来。对比两者有何区别？

**小贴士：**

全局变量和默认值参数的主要区别在于它们的作用域和使用方式。全局变量在整个程序中都是可用的，主要用于在多个函数间共享数据，而默认值参数则是函数定义的一部分，用于在调用函数时提供参数的默认值。

## 任务评价

请教师和学生填写表 5-3，对任务实施情况进行评价、反思并提出改进措施。

**表 5-3　职业能力评价、反思和改进**

<table>
<tr><td colspan="8">任务名称：</td></tr>
<tr><td>班级</td><td></td><td>小组</td><td></td><td>姓名</td><td></td><td>日期</td><td>年　月　日</td></tr>
<tr><td rowspan="5">职业能力评价</td><td colspan="5">能　力</td><td>自评</td><td>组内互评</td><td>教师评</td></tr>
<tr><td>自我管理能力（20 分）</td><td colspan="4">1. 出勤情况。<br>2. 遵守纪律情况。<br>3. 任务完成情况，有无提问记录。<br>4. 主动参与活动情况</td><td></td><td></td><td></td></tr>
<tr><td>合作交流能力（10 分）</td><td colspan="4">1. 能够使用文明礼貌用语，有效地沟通。<br>2. 能够与组员主动交流，积极合作</td><td></td><td></td><td></td></tr>
<tr><td>解决问题能力（10 分）</td><td colspan="4">1. 能够有效获取和使用信息资源。<br>2. 能够客观分析任务，发现并解决问题</td><td></td><td></td><td></td></tr>
<tr><td>任务创新能力（10 分）</td><td colspan="4">1. 能够提出有价值的观点和建议。<br>2. 能够举一反三，运用不同的方法完成任务</td><td></td><td></td><td></td></tr>
</table>

续表

<table>
<tr><td rowspan="4">职业能力评价</td><td>综合能力（50 分）</td><td>1. 任务结果完整，并按要求命名和存放。<br>2. 能够很好理解任务的相关知识点，熟练完成任务操作。<br>3. 能有效地参与任务评价</td><td></td><td></td><td></td></tr>
<tr><td colspan="2">合计得分</td><td></td><td></td><td></td></tr>
<tr><td colspan="2">总评得分</td><td colspan="3"></td></tr>
<tr><td colspan="5">注：总评得分 = 自评合计得分 × 20% + 组内互评合计得分 × 20% + 教师评合计得分 × 60%</td></tr>
<tr><td rowspan="3">反思与改进</td><td colspan="5">1. 你认为本任务最有价值的内容是：</td></tr>
<tr><td colspan="5">2. 下列问题需要进一步了解或得到帮助：</td></tr>
<tr><td colspan="5">3. 为使学习更有效，你对本任务教学的建议是：</td></tr>
</table>

**知识点延伸：**

递归函数

**PDF 文档内容：**

① 什么是递归函数?
② 递归的要素。
③ 递归函数的语法格式。

## 素养提升　自顶向下，分而治之

小张和他的团队成员发现有一些问题的结构是相似的，对于此类问题该如何解决呢？王经理建议小张和他的团队可以了解一下递归函数。递归函数通常用于解决结构相似的问题，其基本的实现思路是将一个复杂的问题转化成若干个子问题，子问题的形式与原问题相似，求出子问题的解之后根据递归关系可以获得原问题的解。

小张和他的团队成员通过递归函数实现阶乘计算，代码如下：

```
def fact(n):
    if n == 0 or n == 1:
        return 1
    else:
        return fact(n-1) * n
n = int(input("请输入要求的阶乘:"))
print(F”{n}的阶乘是{fact(n)}”)
```

程序运行结果如下：

```
请输入要求的阶乘:5
5的阶乘是120
```

**素养园地：**

“自顶向下，分而治之”这一思想方法不仅在计算机科学领域具有广泛应用，也为我们日常生活和工作中的问题解决提供了深刻的启示。它教导我们在面对问题时要从整体出发，注重分解和逐步解决，同时关注层次性、系统性、灵活性、创新性，以及全局观念和长远眼光。这些启示不仅有助于我们更好地解决当前面临的问题，也有助于我们不断提升自身的思维能力和综合素质。

## 项目总结

本项目首先通过课前任务微视频讲解了为什么要使用函数，什么是函数，函数的分类及使用函数的好处，之后介绍了函数的定义和调用方法、函数参数的六种传递方式、函数的返回值、局部变量和全局变量、递归函数等内容。通过本项目的学习，希望大家能够理解函数式编程的优越性，可以按照需求灵活定义函数。

## 巩固与应用

### 1. 单选题

请使用微信“扫一扫”
扫码进行课后小测

① 以下关于 Python 函数使用的描述，错误的是（　　）。

A. 函数定义是使用函数的第一步

B. 函数被调用后才能执行

C. 函数执行结束后，程序执行流程会自动返回到函数被调用的语句之后

D. Python 程序里一定要有一个主函数

② Python 中，函数定义可以不包括（　　）。

A. 函数名　　B. 关键字 def

C. 一对圆括号　　D. 可选参数列表

③ 关于形参和实参的描述，以下选项中正确的是（　　）。

A. 参数列表中给出要传入函数内部的参数，这类参数称为形式参数，简称形参

B. 函数调用时，实参默认采用按照位置顺序的方式传递给函数，Python 也提供了按照形参名称输入

C. 程序在调用时，将形参复制给函数的实参

D. 函数定义中参数列表里面的参数是实际参数，简称实参

④ 关于 Python 的全局变量和局部变量，以下选项中描述错误的是（　　）。

A. 全局变量指在函数之外定义的变量，一般没有缩进，在程序执行全过程有效

B. 局部变量指在函数内部使用的变量，当函数退出时，变量依然存在，下次函数调用可以继续使用

C. 使用 global 保留字声明简单数据类型变量后，该变量作为全局变量使用

D. 简单数据类型变量无论是否与全局变量重名，仅在函数内部创建和使用，函数退出后变量被释放

⑤（　　）函数是指直接或间接调用函数本身的函数。

A. 递归　　B. 闭包　　C. lambda　　D. 匿名

⑥ 如果一个函数没有 return 语句，则调用它后的返回值为（　　）。

A. 0　　B. None　　C. False　　D. NoneType

⑦ 定义函数时的参数是（　　）。

A. 形参　　B. 引用　　C. 实参　　D. 对象

⑧ 下列关于函数的说法中，描述错误的是（　　）。

A. 函数是具有特定功能的代码块

B. 函数可以减少冗余的代码，使程序更加模块化

C. 不同的函数中可以使用相同名字的变量

D. 调用参数时，实参的传递顺序必须与形参的顺序保持一致

⑨以下代码的运行结果是（　　）。

```
def myFunc(a, b, c=3, d=4):
    return a * c + b * d
print(myFunc(3, 4, d=5))
```

A. 25　　B. 29　　C. 12　　D. 27

⑩ 以下代码的运行结果是（　　）。

```
def myFunc(x, y, *args):
    print(sum(args))
myFunc(1, 2, 3, 4, 5)
```

A. 5　　B. 9　　C. 12　　D. 14

## 2. 多选题

① 下列关于函数参数的说法中，正确的是（　　）。

A. 若无法确定需要传入函数的参数个数，可以为函数设置不定长参数

B. 当使用关键字参数传递实参时，需要为实参关联形参

C. 定义函数时可以为参数设置默认值

D. 不定长参数 *args 以字典保存不定数量的关键字参数

② 已知函数定义如下，那么下面调用语句中，合法的是（　　）。

```
def func(x, y, z=3):
    return x + y + z
```

A. func(1, 2)　　B. func(1, 2, 5)

C. func(y=2, x=1, z=5)　　D. func(y=2, x=1, 5)

③ 下面关于函数的说法，错误的是（　　）。

A. 函数不可以对自己调用，只能调用别的函数

B. 函数可以不定义，就可以直接使用

C. 函数是程序的抽象，通过封装实现代码复用，可以利用函数对程序进行模块化设计

D. 函数定义的位置没有要求，可以先调用，最后对函数定义

## 3. 判断题

① 一个函数如果带有默认值参数，那么必须所有参数都设置默认值。（　　）

② 函数中必须包含参数，但可以不包含 return 语句。（　　）

③ 不同作用域中的同名变量之间互相不影响，也就是说，在不同的作用域内可以定义同名的变量。（　　）

④ 函数内部定义的局部变量当函数调用结束后被自动删除。（　　）

⑤ 在函数内部，既可以使用 global 来声明使用外部全局变量，也可以使用 global 直接定义全局量。（　　）

⑥ 在函数内部直接修改形参的值并不影响外部实参的值。（　　）

⑦ 调用带有默认值参数的函数时，不能为默认值参数传递任何值，必须使用函

数定义时设置的默认值。 (　　)

⑧ 在定义函数时，某个参数名字前面带有一个 * 号表示可变长度参数，可以接收任意多个普通实参并存放于一个元组之中。 (　　)

⑨ 定义函数时，带有默认值的参数必须出现在参数列表的最右端，任何一个带有默认值的参数右边不允许出现没有默认值的参数。 (　　)

⑩ 调用函数时传递的实参个数必须与函数形参个数相等才行。 (　　)

⑪ 定义 Python 函数时必须指定函数返回值类型。 (　　)

⑫ 函数的位置参数有严格的位置关系。 (　　)

### 4. 程序设计题

① 编写程序，分别定义求两个整数最大公约数的函数 GCD 和求最小公倍数的函数 LCM，并编写测试代码，要求从键盘接收两个整数进行测试，程序运行结果如图 5-6 所示。

```
请输入第一个整数：12
请输入第二个整数：15
3 60
```

图 5-6　程序测试用例

② 编写函数，输出 1 ～ 100 以内的所有素数。

# 项目 6
# 制作学生信息管理系统

## 项目综述

### 项目导读

项目导读

东华职业技术学院为了对学生信息进行信息化管理，拟设计一套学生信息管理系统，教师能通过功能菜单完成学生信息的添加、查看及按姓名修改学生成绩、删除学生信息等功能。学校委托华信智能技术有限公司来设计与开发学生信息管理系统的任务。公司王经理把这项任务交给了小张和他的团队。王经理提醒他们根据学生信息存储的特点，可以使用组合数据类型来存储学生信息，并结合函数、程序结构等编写系统程序。小张和他的团队通过讨论，在规划和设计系统时，通过组合数据类型进行学生信息存储，利用函数来定义菜单显示、学生信息添加、修改、删除等功能，通过循环和条件判断控制程序流程，最终实现显示功能菜单，学生信息添加、信息显示、成绩修改、信息删除，格式化打印学生信息等功能。

### 项目目标

| 知识目标 | 能力目标 | 素质目标 |
| --- | --- | --- |
| ◎了解组合数据类型的分类；<br>◎掌握组合数据类型的特点；<br>◎了解序列类型的分类；<br>◎掌握集合类型和映射类型；<br>◎掌握数据分析与可视化的相关知识；<br>◎掌握 turtle 模块的相关知识 | ◎能熟练操作列表和元组；<br>◎能熟练操作字典；<br>◎能熟练操作集合；<br>◎能熟练使用 NumPy 数组进行科学计算；<br>◎能熟练使用 matplotlib 绘制图形；<br>◎能使用 turtle 模块进行图形的绘制 | ◎培养学生分析问题，解决实际问题的能力；<br>◎培养学生团队合作的能力；<br>◎培养学生严谨细致的工作态度；<br>◎培养学生的协作、宽容和探索精神 |

## 项目导图

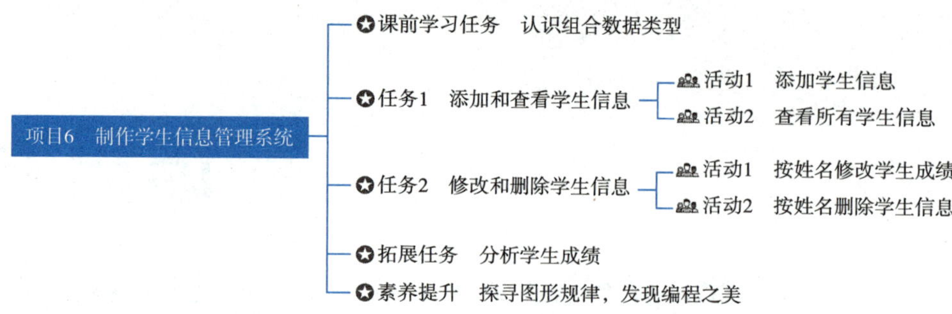


# 课前学习任务

扫一扫二维码观看课前学习视频，并完成下面的题目。

### 1. 单选题

① 列表、元组、字符串是 Python 的（　　）序列。

A. 有序　　B. 无序　　C. 链表　　D. 数组

② 以下关于组合数据类型的描述，错误的是（　　）。

A. 集合类型是一种具体的数据类型

B. 序列类型和映射类型都是一类数据类型的总称

C. Python 的集合类型跟数学中的集合概念一致，都是多个数据项的无序组合

D. 字典类型的键可以用的数据类型包括字符串、元组以及列表

③ 以下不是组合数据类型的是（　　）。

A. 集合类型　　B. 序列类型

C. 映射类型　　D. 引用类型

④ 下列类型数据中，（　　）是不可变化的。

A. 集合　　B. 字典　　C. 元组　　D. 列表

⑤ 以下关于组合数据类型的描述，正确的是（　　）。

A. 集合类型中的元素是有序的

B. 序列类型和集合类型中的元素都是可以重复的

C. 一个映射类型变量中的关键字可以是不同类型的数据

D. 利用组合数据类型可以将多个数据用一个类型来表示和处理

⑥ 关于 Python 的组合数据类型，以下选项中描述错误的是（　　）。

A. Python 组合数据类型能够将多个同类型或不同类型的数据组织起来，通过单一的表示使数据操作更有序、更容易

B. 组合数据类型可以分为序列、集合和映射三类

C. 序列类型是二维元素向量，元素之间存在先后关系，通过序号访问

D. Python 的 str、tuple 和 list 类型都属于序列类型

认识组合数据类型

① 组合数据类型。
② 组合数据类型的分类。
③ 组合数据类型的特点。
④ 序列类型。
⑤ Python 中序列类型的分类。
⑥ 集合类型。
⑦ 映射类型。

请使用微信“扫一扫”扫码答题

2. 判断题

① Python 集合中的元素可以是列表。（　　）

② Python 列表、元组、字符串都属于有序序列。（　　）

③ Python 字典和集合属于无序序列。（　　）

④ 集合是多个元素的有序组合，每个元素必须唯一，不存在相同的元素。（　　）

⑤ 列表是可变数据类型，而元组是不可变数据类型。（　　）

# 任务 1　添加和查看学生信息

## 任务综述

### 任务描述

小张领到任务后和团队成员对学生信息管理系统进行规划与设计。团队成员首先分析了系统的功能，并决定先实现添加学生信息和查看学生信息功能。

### 任务分析

小张和他的团队成员在讨论几个问题。例如，添加的学生信息要如何保存？再次添加学生信息是否会覆盖掉前面添加的信息？王经理建议他们依据组合数据类型的特点，每一条学生信息可以使用字典保存，全部学生信息可以通过列表保存，每添加一条学生信息就通过追加的方法保存到列表中，这样，即使多次使用添加学生信息功能添加学生信息也不会覆盖掉前面添加的学生信息。

### 任务目标与重难点

| 任务目标 | 添加和查看学生信息 |
|---|---|
| 任务重点和难点 | 创建列表、创建字典（重点） |
| | 访问字典元素（难点） |

## 活动 1　添加学生信息

### 活动准备

**1. 列表**

Python 列表是一个可变的序列，它没有长度的限制，可以包含任意个元素。

**2. 创建列表**

列表中的元素包含在“[ ]”里，各元素之间使用英文逗号分隔。

① 使用“[ ]”创建列表，代码如下：

```
list_one = []                          # 使用[]创建空列表
list_two = [2,15,55,33,25]             # 使用[]括起元素创建列表
# 列表中元素的类型可不同，列表也可以作为列表元素
list_three = [10,"Python",True,["Hello",25,35]]
```

添加学生信息

视频内容：

① 列表。

② 创建列表。

③ 列表的索引和切片。

④ append() 方法。

⑤ 字典。

⑥ 创建字典

⑦ 实现添加学生信息功能。

```
print(list_one)
print(list_two)
print(list_three)
```

运行程序，结果如下：

```
[]
[2, 15, 55, 33, 25]
[10, 'Python', True, ['Hello', 25, 35]]
```

② 使用 list() 函数创建列表，或将元组、字符串转换为列表，代码如下：

```
list_one = list()                    # 使用list()函数创建空列表
words = "Python"
list_two = list(words)               # 使用list()函数将字符串转化为列表
tuple_demo = (1,3,5,7,9)
list_three = list(tuple_demo)        # 使用list()函数将元组转化为列表
print(list_one)
print(list_two)
print(list_three)
```

运行程序，结果如下：

```
[]
['P', 'y', 't', 'h', 'o', 'n']
[1, 3, 5, 7, 9]
```

③ 使用列表生成式创建列表。列表生成式是 Pyhon 中内置的创建列表的方法，其语法格式如下：

```
[表达式 for 变量 in 可迭代对象]
```

或

```
[表达式 for 变量 in 可迭代对象 if 条件]
```

生成一个由 1 至 10 每个数字的平方组成的列表，代码如下：

```
list_one=[i**2 for i in range(1,11)]
print(list_one)
```

程序运行结果如下：

```
[1, 4, 9, 16, 25, 36, 49, 64, 81, 100]
```

生成一个由 1 至 10 的所有偶数组成的列表，代码如下：

```
list_one = [i for i in range(1, 11) if i % 2 == 0]
print(list_one)
```

程序运行结果如下：

```
[2, 4, 6, 8, 10]
```

### 3. 列表的索引和切片

列表支持索引和切片操作，代码如下：

**小贴士：**

列表的长度和元素都是可变的，因此可以对列表中的数据进行各种操作，包括添加、删除、修改元素等。

**知识点延伸：**

元组

**PDF 文档内容：**

① 元组。
② 创建元组。
③ 访问元组元素。
④ 元组运算符。
⑤ 元组内置函数。
⑥ 元组应用场景。

```
list_one = ["Zhang","Li",5,15]
print("列表第三个元素为:",list_one[2])
list_one[2] = "Wang"              # 将列表中索引为2的元素修改为Wang
print("更新后列表第三个元素为：",list_one[2])
list_one[0:2] = [2,4]             # 使用[2,4]替换列表中索引为0、1的元素
print(list_one)
list_two = [8,9]
list_one += list_two              # 将列表list_two中的元素追加到列表list_one中
print(list_one)
list_one[1:6] = [13,7]            # list_one[1:6]的长度比[13,7]大
print(list_one)
list_one[0:2] = ["Fang",6,9]      # list_one[0:2]的长度比["Fang",6,9]小
print(list_one)
```

程序运行结果如下：

```
列表第三个元素为：5
更新后列表第三个元素为：Wang
[2, 4, 'Wang', 15]
[2, 4, 'Wang', 15, 8, 9]
[2, 13, 7]
['Fang', 6, 9, 7]
```

**小贴士：**

当使用一个列表的元素改变另一个列表的数据时，Python 并不要求两个列表的长度相同，但是要遵循“多增少减”的原则。使用一个列表给另一个列表赋值也可以实现列表的增加和删除操作。

### 4. append() 方法

使用 append() 方法可向列表末尾追加元素，该方法无返回值，但是会修改原来的列表。其语法格式如下：

```
list.append(obj)
```

参数说明：

- list：列表对象。
- obj：添加到列表末尾的对象。

使用 append() 方法向列表末尾追加元素，代码如下：

```
list_one=["Zhang","Li",5,15]
list_one.append("Python")
print(list_one)
```

程序运行结果如下：

```
['Zhang', 'Li', 5, 15, 'Python']
```

**知识点延伸：**

集合

PDF 文档内容：
① 集合。
② 创建集合。
③ 集合的特征。
④ 集合的解析表达式。
⑤ 集合的操作。
⑥ 集合关系测试。

### 5. 字典

字典（dict）是 Python 提供的一种常用的数据结构，由键（key）和值（value）成对组成。在编程中，通过“键”查找“值”的过程称为映射。字典是典型的映射类型，其中存放的是多个键值对。

> 小贴士：
> ■列表是有序的，而字典是无序的。
> ■字典通过键来存取元素，而不是通过下标来存取。
> ■字典中的数据以键（key）值（value）对进行存储，且键不能重复。

### 6. 创建字典

Python 中使用“{}”包含键值对以创建字典。字典中的键与值以冒号分隔。字典中各个元素之间通过逗号分隔，长度没有限制。其语法格式如下：

```
{键1:值1, 键2:值2,..., 键N:值N}
```

使用 {} 创建字典，代码如下：

```
dict1 = {}                                          # 创建空字典
dict2 = {"name":"Zhangsan","tel":13500135123}       # 使用{}创建字典
print("dict1=",dict1)
print("dict2=",dict2)
```

程序运行结果如下：

```
dict1= {}
dict2= {'name': 'Zhangsan', 'tel': 13500135123}
```

> 小贴士：
> ■dict 作为 Python 的关键字和内置函数，变量名不建议命名为 dict。
> ■键一般是唯一的，如果重复，最后的一个键值对会替换前面的，值可不唯一。值可以取任何数据类型，但键必须是不可变的数据类型，如字符串，数字或元组。

Python 中也可以使用 dict() 函数创建字典，函数参数为“键 = 值”或“（键，值）”，参数中间使用逗号隔开，代码如下：

```
dict3 = dict(name="Lisi",tel=13800138123)
                                        # 使用dict()函数创建字典
dict4 = dict([("name","Wang"),("tel",13900139123)])
                                        # 使用dict()函数创建字典
print("dict3=",dict3)
print("dict4=",dict4)
```

程序运行结果如下：

```
dict3= {'name': 'Lisi', 'tel': 13800138123}
dict4= {'name': 'Wang', 'tel': 13900139123}
```

## 活动实施

> 问题思考：
> ① 一条学生信息如何存储？
> ② 多条学生信息如何存储？

> 问题解析：
> ① 一条学生信息就是一个字典，方便查找。
> ② 使用列表存储多条学生信息。

小张和他的团队成员通过定义添加学生信息函数实现添加学生姓名、年龄、成绩等信息的功能，并对函数 input_student() 进行调用，代码如下：

```
def input_student():
    students = []
    while True:
        name = input("请输入学生姓名:")
        # 退出条件是姓名为空串
        if name == "":
            # break表示退出当前的循环
            break
        age = int(input("请输入学生年龄:"))
        score = int(input("请输入学生成绩:"))
        stu_dic = {"name": name, "age": age, "score": score}
        students.append(stu_dic)
```

```
    return students
students_input = input_student()
print(students_input)
```

当姓名为空时退出程序。程序运行结果如下：

```
请输入学生姓名:Zhang
请输入学生年龄:18
请输入学生成绩:89
请输入学生姓名:Wang
请输入学生年龄:17
请输入学生成绩:95
请输入学生姓名:
[{'name': 'Zhang', 'age': 18, 'score': 89}, {'name': 'Wang', 'age': 17, 'score': 95}]
```

## 活动 2　查看所有学生信息

查看所有学生信息

视频内容：

① 使用以键找值的方法访问字典元素。

② 使用循环遍历字典的方法访问字典元素。

③ 实现查看所有学生信息功能。

### 活动准备

#### 1. 使用以键找值的方法访问字典元素

使用“字典变量 [ 键 ]”的方法可以查找字典中与“键”对应的值，代码如下：

```
dict1 = {"name":"Zhangsan","tel":13500135123}     # 使用{}创建字典
print(dict1["tel"])                               # 访问键对应的值
```

程序运行结果如下：

```
13500135123
```

#### 2. 使用循环遍历字典的方法访问字典元素

通过 items() 方法可以访问字典中键值对的信息，使用 for 循环可以遍历这些信息，代码如下：

```
dict1 = {"name":"Zhangsan","tel":13500135123}     #使用{}创建字典
print(dict1.items())
#通过循环遍历，输出字典每个元素的键和值
for key,value in dict1.items():
    print(key,value)
```

程序运行结果如下：

```
dict_items([('name', 'Zhangsan'), ('tel', 13500135123)])
name Zhangsan
tel 13500135123
```

**小贴士：**

获取字典中键、值和键值对信息的方法见表 6-1。

表 6-1　获取字典中键、值和键值对信息的方法

| 方　法 | 描　述 |
| --- | --- |
| dict.keys() | 返回字典 dict 中所有的键信息 |
| dict.values() | 返回字典 dict 中所有的值信息 |
| dict.items() | 返回字典 dict 中所有的键值对信息 |
| dict.get(key[, default]) | 若键存在于字典 dict 中返回其对应的值，否则返回默认值 |

举一反三：

输出字典每个元素的键和值还可以使用如下方法：

```
dict1 = {"name":"Zhangsan","tel":13500135123}
for key in dict1.keys():
    print(key,dict1[key])
```

除使用 items() 方法外，也可以通过 keys() 和 values() 方法访问字典中键或值的信息，代码如下：

```
dict1 = {"name":"Zhangsan","tel":13500135123}     # 使用{}创建字典
print(dict1.keys())
print(dict1.values())
for key in dict1.keys():          # 通过循环遍历输出字典每个元素的键
    print(key)
for value in dict1.values():  # 通过循环遍历输出字典每个元素的值
    print(value)
```

程序运行结果如下：

```
dict_keys(['name', 'tel'])
dict_values(['Zhangsan', 13500135123])
name
tel
Zhangsan
13500135123
```

## 活动实施

小张和他的团队成员通过定义查看所有学生信息函数实现学生信息的显示功能，并对函数 output_student() 进行调用，代码如下：

```
def output_student(students):
    title1 = "+" + "-" * 15 + "+" + "-" * 5 + "+" + "-" * 7 + "+"
    title2 = F"|{'name':^15}|{'age':^5}|{'score':^7}|"
    print(title1)
    print(title2)
    print(title1)
    for stu in students:
        print(F"|{stu['name']:^15}|{stu['age']:^5}|{stu['score']:^7}|")
    print(title1)
output_student(students_input)
```

程序运行结果如图 6-1 所示。

```
+-----------+-----+-------+
| name      | age | score |
+-----------+-----+-------+
|   Zhang   | 18  |  89   |
|   Wang    | 17  |  95   |
+-----------+-----+-------+
```

图 6-1　查看所有学生信息

## 任务评价

请教师和学生填写表 6-2，对任务实施情况进行评价、反思并提出改进措施。

表 6-2　职业能力评价、反思和改进

<table>
<tr><td colspan="6">任务名称：</td></tr>
<tr><td>班级</td><td>小组</td><td>姓名</td><td>日期</td><td colspan="2">年　月　日</td></tr>
<tr><td rowspan="9">职业能力评价</td><td colspan="2">能　力</td><td>自评</td><td>组内互评</td><td>教师评</td></tr>
<tr><td>自我管理能力（20 分）</td><td>1. 出勤情况。<br>2. 遵守纪律情况。<br>3. 任务完成情况，有无提问记录。<br>4. 主动参与活动情况</td><td></td><td></td><td></td></tr>
<tr><td>合作交流能力（10 分）</td><td>1. 能够使用文明礼貌用语，有效地沟通。<br>2. 能够与组员主动交流，积极合作</td><td></td><td></td><td></td></tr>
<tr><td>解决问题能力（10 分）</td><td>1. 能够有效获取和使用信息资源。<br>2. 能够客观分析任务，发现并解决问题</td><td></td><td></td><td></td></tr>
<tr><td>任务创新能力（10 分）</td><td>1. 能够提出有价值的观点和建议。<br>2. 能够举一反三，运用不同的方法完成任务</td><td></td><td></td><td></td></tr>
<tr><td>综合能力（50 分）</td><td>1. 任务结果完整，并按要求命名和存放。<br>2. 能够很好理解任务的相关知识点，熟练完成任务操作。<br>3. 能有效地参与任务评价</td><td></td><td></td><td></td></tr>
<tr><td colspan="2">合计得分</td><td></td><td></td><td></td></tr>
<tr><td colspan="2">总评得分</td><td colspan="3"></td></tr>
<tr><td colspan="5">注：总评得分 = 自评合计得分 × 20% + 组内互评合计得分 × 20% + 教师评合计得分 × 60%</td></tr>
<tr><td rowspan="3">反思与改进</td><td colspan="5">1. 你认为本任务最有价值的内容是：</td></tr>
<tr><td colspan="5">2. 下列问题需要进一步了解或得到帮助：</td></tr>
<tr><td colspan="5">3. 为使学习更有效，你对本任务教学的建议是：</td></tr>
</table>

# 任务 2　修改和删除学生信息

## 任务综述

### 任务描述

实现了对学生信息的添加和查看功能后，小张和团队成员还要实现对学生信息的修改和删除功能，该如何实现呢？他们发现前面的功能模块是定义在函数中的，需要通过函数的调用才能使用，但只能调用一次，而且函数的调用还存在先后顺序，要如何解决这些问题呢？

### 任务分析

王经理建议小张和团队成员先掌握组合数据类型的常见操作，进而实现对学生信息的修改和删除功能。王经理还建议他们可以制作一个功能菜单，通过功能菜单让用户选择要使用的功能。

### 任务目标与重难点

| 任务目标 | 修改和删除学生信息 |
| --- | --- |
| 任务重点和难点 | 字典和运算符、字典元素的修改和增加（重点） |
| | 删除列表元素和字典元素的方法（难点） |

## 活动 1　按姓名修改学生成绩

按姓名修改学生成绩

视频内容：

①字典和运算符。

②字典元素的修改和增加。

③实现按姓名修改学生成绩功能。

### 活动准备

#### 1. 字典和运算符

（1）比较运算符（==）

比较运算符（==）不能比较两个字典的大小，但能用来判断两个字典是否相等。如果相等返回 True；不相等返回 False。代码如下：

```
print({"a":1,"b":2} == {"b":2,"a":1})
print({"a":1,"b":2} == {"a":2,"b":1})
```

程序运行结果如下：

```
True
False
```

比较运算符（==）还可以对字典的“值”与其他元素进行比较，代码如下：

```
dict1 = {"name": "Zhang", "age": 18, "score": 89}
print(dict1["name"] == "Zhang")
print(dict1["name"] == "Li")
```

程序运行结果如下：

```
True
False
```

（2）成员运算符（in）

成员运算符（in）可以用来判断某个键是否存在于字典中。如果键存在，则返回 True，否则返回 False，代码如下：

```
dict1 = {"name": "Zhang", "age": 18, "score": 89}
print("age" in dict1)
print("class" in dict1)
```

程序运行结果如下：

```
True
False
```

## 2. 字典元素的修改和增加

使用赋值运算符可以动态修改字典中的值，其语法格式如下：

```
字典变量[键] = 值
```

创建一个字典，修改键“age”对应的值，代码如下：

```
dict1 = {"name": "Zhang", "age": 18, "score": 89}# 使用{}创建字典
print(dict1)                                      # 修改前的字典
dict1["age"] = 19                                 # 修改键对应的值
print(dict1)                                      # 修改后的字典
```

程序运行结果如下：

```
{'name': 'Zhang', 'age': 18, 'score': 89}
{'name': 'Zhang', 'age': 19, 'score': 89}
```

使用赋值运算符修改字典中的值时，若键存在，那么对应的值被修改；若键不存在，那么增加一对键值对，代码如下：

```
dict1 = {"name":"Zhangsan","tel":13500135123}     # 使用{}创建字典
print("修改前的dict1=",dict1)
dict1["tel"]= 15800158110
dict1["gender"]='male'
print("修改后的dict1=",dict1)
```

程序运行结果如下：

```
修改前的dict1= {'name': 'Zhangsan', 'tel': 13500135123}
修改后的dict1= {'name': 'Zhangsan', 'tel': 15800158110, 'gender': 'male'}
```

### 活动实施

小张和他的团队成员通过定义按姓名修改学生成绩的函数实现修改学生成绩功能，并对函数 modify_students() 进行调用，代码如下：

```
def modify_students(students):
    name = input("请输入要修改成绩的学生姓名:")
    for stu in students:
        if name == stu["name"]:
            score = int(input("请输入你要修改的成绩:"))
            stu["score"] = score
```

```
            print(F"修改{name}的成绩成功")
            return
        print(F"没有找到名字为{name}的学生，成绩修改失败")
    modify_students(students_input)
    output_student(students_input)
```

运行程序后控制台会提示输入要修改成绩学生的姓名，若没有此学生，会提示成绩修改失败，程序运行结果如图 6-2 所示。

若要修改成绩的学生存在，会提示输入要修改的成绩，并提示成绩修改成功，程序运行结果如图 6-3 所示。

```
请输入要修改成绩的学生姓名:Li
没有找到名字为Li的学生，成绩修改失败
+-----------------+-----+-------+
|       name      | age | score |
+-----------------+-----+-------+
|      Zhang      | 18  |  89   |
|       Wang      | 17  |  95   |
+-----------------+-----+-------+
```

图 6-2　学生成绩修改失败

```
请输入要修改成绩的学生姓名:Wang
请输入你要修改的成绩:97
修改Wang的成绩成功
+-----------------+-----+-------+
|       name      | age | score |
+-----------------+-----+-------+
|      Zhang      | 18  |  89   |
|       Wang      | 17  |  97   |
+-----------------+-----+-------+
```

图 6-3　学生成绩修改成功

## 活动 2　按姓名删除学生信息

### 活动准备

#### 1. 删除列表元素的方法

（1）remove() 方法

使用 remove() 方法可以删除列表的指定元素。其语法格式如下：

```
list.remove(value)
```

参数说明：

■ list：表示要删除元素的列表。

■ value：表示要删除的元素。

使用 remove() 方法删除列表元素，代码如下：

```
list1 = [1,2,3,4,5,2,6]
list1.remove(2)
print(list1)
```

程序运行结果如下：

```
[1, 3, 4, 5, 2, 6]
```

需要注意的是，如果要删除的元素不存在，会抛出 ValueError 异常，代码如下：

```
list1 = [1,2,3,4,5,2,6]
list1.remove(7)
print(list1)
```

程序运行后，返回错误信息，如图 6-4 所示。

**小贴士：**

使用 remove() 方法可以进行如下删除：

■删除单个元素。

■删除首个符合条件的元素。

■按值删除。

```
Traceback (most recent call last):
  File "D:\python\项目6\demo1.py", line 2, in <module>
    list1.remove(7)
ValueError: list.remove(x): x not in list
```

图 6-4　ValueError 异常

改进措施：使用 try 和 except 组合成的分支结构处理异常。

代码如下：

```
try:
    list1 = [1,2,3,4,5,2,6]
    list1.remove(7)
    print(list1)
except:
    print('ValueError')
```

（2）pop() 方法

pop() 方法可以删除列表中的最后一个元素或指定下标的元素。pop 方法会返回被删除的元素。其语法格式如下：

```
list.pop([index])
```

参数说明：

■ list：表示要删除元素的列表。

■ index：表示要删除的元素的下标。如果不指定下标，则默认删除最后一个元素。

使用 pop() 方法删除列表元素，代码如下：

```
list1 = [1,2,3,4,5,2,6]
print(list1)
list1.pop()
print(list1)
list1.pop(1)
print(list1)
```

程序运行后，返回错误信息，结果如下：

```
[1, 2, 3, 4, 5, 2, 6]
[1, 2, 3, 4, 5, 2]
[1, 3, 4, 5, 2]
```

需要注意的是，如果要删除的下标不存在，会抛出 IndexError 异常，代码如下：

```
list1 = [1,2,3,4,5,2,6]
list1.pop(8)
print(list1)
```

程序运行结果如图 6-5 所示。

```
Traceback (most recent call last):
  File "D:\python\项目6\demo1.py", line 2, in <module>
    list1.pop(8)
IndexError: pop index out of range
```

图 6-5　IndexError 异常

**小贴士：**

■ 删除单个或多个元素。

■ 按位删除（根据索引删除）。

当需要删除列表中的多个元素时，可以使用循环结构来反复调用 pop() 方法。通过指定要删除的元素的索引值列表，依次删除列表中的元素。

```
my_list = [3,1,8,4,2, 9,11,5,7,6]
#要删除的元素的索引值列表
indexes = [0,2,4,6,8]
for index in sorted(indexes,reverse=True):
    my_list.pop(index)
print(my_list)
```

**知识点延伸：**

PDF 文档内容：
列表的函数与方法

改进措施：使用 try 和 except 组合成的分支结构处理异常。

代码如下：

```
try:
    list1 = [1, 2, 3, 4, 5, 2, 6]
    list1.pop(8)
    print(list1)
except:
    print('下标越界')
```

（3）del 语句

Python 中的 del 语句也可以删除列表中的指定元素，其语法格式如下：

```
del list[index]
```

参数说明：

■ list：表示要删除元素的列表。

■ index：表示要删除的元素的下标。

使用 del 语句删除列表元素，代码如下：

```
list_one=["Zhang","Li",5,15]
print("删除前的列表：",list_one)
del list_one[2]          # del语句删除列表中的元素
print("删除后的列表：",list_one)
# del还可以删除指定范围内的元素。删除从第0个元素开始，到第2个为止的元素（不包括第2个元素）
del list_one[0:2]
print("删除后的列表：",list_one)
```

程序运行结果如下：

```
删除前的列表：['Zhang', 'Li', 5, 15]
删除后的列表：['Zhang', 'Li', 15]
删除后的列表：[15]
```

使用 del 语句也可以删除整个列表对象，代码如下：

```
list_one=["Zhang","Li",5,15]
del list_one
print(list_one)
```

程序运行后，返回错误信息，如图 6-6 所示。

```
Traceback (most recent call last):
  File "D:\python\项目6\demo1.py", line 3, in <module>
    print(list_one)
          ^^^^^^^^
NameError: name 'list_one' is not defined
```

图 6-6　删除整个列表后控制台提示 NameError

（4）clear() 方法

Python 中的 clear() 方法可以移除列表中的所有元素，使其成为空列表，其语法格式如下：

**小贴士：**

del 语句是通过指定元素的索引位置来删除列表中的元素。此方法通过直接操作列表的内存位置来删除元素，效率较高。

**问题思考：**

控制台为什么会显示图 6-6 所示信息？

**问题解析：**

出现这种现象说明整个列表对象已被删除。

**小贴士：**

clear() 方法会直接删除列表中的所有元素，而不需要一个一个地删除。这种方法在需要快速清空列表时非常有用。

```
list.clear()
```

参数说明：

■ list：表示要删除元素的列表。

使用 clear() 方法清空列表，代码如下：

```
list_one=["Zhang","Li",5,15]
list_one.clear()
print(list_one)
```

程序运行结果如下：

```
[]
```

**小贴士：**

clear() 方法和 del 语句的区别

■ list.clear() 方法用于清空列表中的所有元素，此时列表为空，而列表本身仍然存在。

■ del 语句可用于删除指定索引位置的元素或整个列表，若删除整个列表，列表将不存在。

### 2. 删除字典元素的方法

#### （1）pop() 方法

pop() 方法用来获得指定键的值，然后将这个键值对从字典中移除，代码如下：

```
dict1 = {"name":"Zhangsan","tel":13500135123,"gender":"male"}
                                          # 使用{}创建字典
print("修改前的dict1=",dict1)
dict1.pop("gender")                       # pop移除键值对
print("修改后的dict1=",dict1)
```

程序运行结果如下：

```
修改前的dict1= {'name': 'Zhangsan', 'tel': 13500135123, 'gender': 'male'}
修改后的dict1= {'name': 'Zhangsan', 'tel': 13500135123}
```

**小贴士：**

如果 key 不存在则报错，代码如下：

```
dict1 = {"name":"Zhangsan","tel":13500135123,"gender":"male"}
dict1.pop("class")
print(dict1)
```

程序运行结果如图 6-7 所示。

```
Traceback (most recent call last):
  File "D:\python\项目6\demo1.py", line 2, in <module>
    dict1.pop("class")
KeyError: 'class'
```

图 6-7　key 不存在报错

#### （2）del 语句

del 语句可以删除一个键值对，代码如下：

```
dict1 = {"name":"Zhangsan","tel":13500135123,"gender":"male"}
                                          # 使用{}创建字典
print("修改前的dict1=",dict1)
del dict1["tel"]                          # del删除键值对
print("修改后的dict1=",dict1)
```

程序运行结果如下：

```
修改前的dict1= {'name': 'Zhangsan', 'tel': 13500135123, 'gender': 'male'}
```

```
修改后的dict1= {'name': 'Zhangsan', 'gender': 'male'}
```

del 语句也可以删除整个字典对象，代码如下：

```
dict1 = {"name":"Zhangsan","tel":13500135123,"gender":"male"}
                                        # 使用{}创建字典
del dict1                               # 删除整个字典
print(dict1)
```

程序运行结果如图 6-8 所示。

**问题思考：**

控制台为什么会显示图 6-8 所示信息？

**问题解析：**

出现这种错误说明整个字典对象已被删除。

```
Traceback (most recent call last):
  File "D:\python\项目6\demo1.py", line 3, in <module>
    print(dict1)
         ^^^^^
NameError: name 'dict1' is not defined. Did you mean: 'dict'?
```

图 6-8　删除整个字典后控制台提示 NameError

（3）clear() 方法

Python 中的 clear() 方法可以移除字典中的所有元素，使其成为空字典。使用 clear() 方法清空字典的代码如下：

```
dict1 = {"name":"Zhangsan","tel":13500135123,"gender":"male"}
dict1.clear()
print(dict1)
```

程序运行结果如下：

```
{}
```

（4）popitem() 方法

**小贴士：**

■ popitem() 方法不需要任何参数。

■ popitem() 方法可以从字典中随机删除一对键值对，并将其作为元组返回。

■ 如果字典为空，则会引发 KeyError 异常。

■ 由于 popitem() 是随机删除的，因此每次运行程序时，可能会产生不同的结果。

Python 中的 popitem() 方法可以随机删除字典中的一个键值对。使用 popitem() 方法删除字典元素的代码如下：

```
dict1 = {"name":"Zhangsan","tel":13500135123,"gender":"male"}
result = dict1.popitem()        # 删除一个键值对
print(result)                   # 打印被删除的键值对
print(dict1)                    # 打印剩余的字典
```

程序运行结果如下：

```
 ('gender', 'male')
{'name': 'Zhangsan', 'tel': 13500135123}
```

Python 中还提供了一些字典的常用函数，见表 6-3。

表 6-3　字典常用函数

| 方　法 | 描　述 |
| --- | --- |
| len(dict) | 返回字典 dict 中元素的个数 |
| min(dict) | 返回字典 dict 中最小键所对应的值 |
| max(dict) | 返回字典 dict 中最大键所对应的值 |

## 活动实施

小张和他的团队成员通过定义按姓名删除学生信息的函数实现删除学生信息功能，并对函数 delete_students() 进行调用，代码如下：

```
def delete_students(students):
    name = input("请输入要删除的学生姓名:")
    for stu in students:
        if name == stu["name"]:
            students.remove(stu)
            print(F"删除名为{name}的学生信息")
            return
    print(F"没有找到名字为{name}的学生，删除失败")
delete_students(students_input)
output_student(students_input)
```

运行程序后控制台会提示输入要删除学生的姓名。若没有此学生，会提示没有找到此学生，删除失败。程序运行结果如图 6-9 所示。

若要删除学生的姓名存在，会提示删除了此学生信息。程序运行结果如图 6-10 所示。

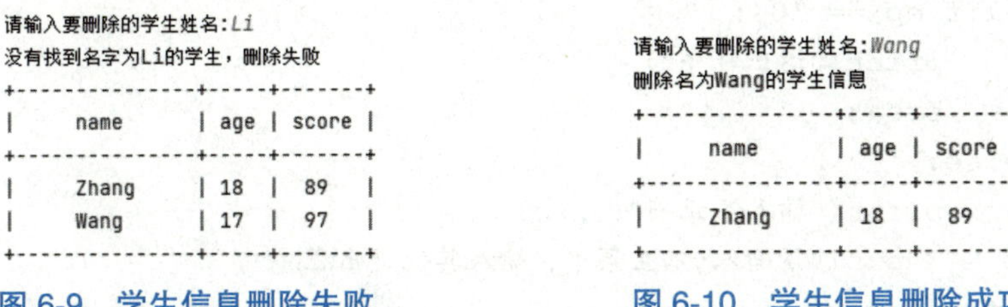


图 6-9　学生信息删除失败　　　　图 6-10　学生信息删除成功

至此，小张和他的团队成员完成了对学生信息的增、删、改、查功能，但他们发现使用起来不是很灵活，王经理建议他们可以为学生信息管理系统添加一个显示功能菜单，让用户能根据菜单选择相应功能，方便用户使用。小张和他的团队根据前面掌握的知识制作了显示功能菜单，代码如下：

```
def show_menu():
    """显示功能菜单"""
    print("""
┍━━━━━━━━━━━━━━━━━━━━━━━━学生信息管理系统━━━━━━━━━━━━━━━━━━━━━━━━━━┑

    ================ 功能菜单 =================

    1 添加学生信息
    2 查看所有学生信息
    3 按姓名修改学生的成绩
    4 按姓名删除学生信息
    0 退出系统

  ==========================================
  说明：通过数字键选择菜单
┕━━━━━━━━━━━━━━━━━━━━━━━━━━━━━━━━━━━━━━━━━━━━━━━━━━━━━━━━━━━━━━━━━┙
    """)
```

```
stu_infos = []
while True:
    show_menu()
    op = input("请选择:")
    if op == '1':
        students = input_student()
        stu_infos.extend(students)
    elif op == '2':
        output_student(stu_infos)
    elif op == '3':
        modify_students(stu_infos)
    elif op == '4':
        delete_students(stu_infos)
    elif op == '0':
        print("退出程序")
        break
    else:
        print("输入不正确")
    p = input("请输入y回主菜单，输入其他退出程序")
    if p != 'y':
        print("退出程序")
        break
```

运行程序后，控制台会显示学生管理系统的功能菜单，可按菜单提示通过数字键选择菜单，如图 6-11 所示。

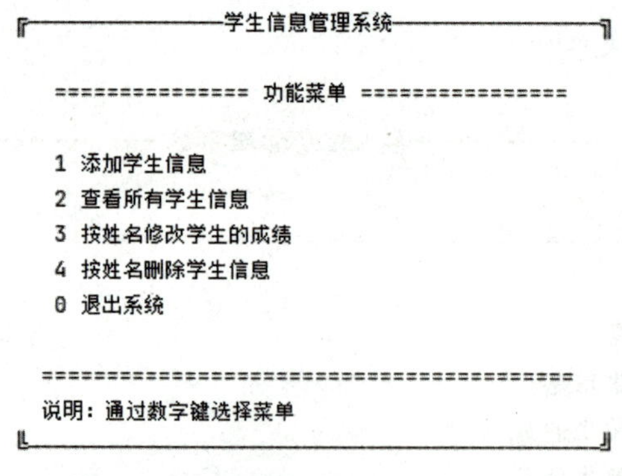


图 6-11　学生信息管理系统功能菜单

输入数字“1”，可添加学生信息，如图 6-12 所示。

输入字母“y”可返回主菜单。主菜单如图 6-11 所示。输入数字“2”可查看所有学生信息，如图 6-13 所示。

```
请选择:1
请输入学生姓名:Li
请输入学生年龄:17
请输入学生成绩:78
请输入学生姓名:Fang
请输入学生年龄:18
请输入学生成绩:91
请输入学生姓名:
请输入y回主菜单，输入其他退出程序y
```

图 6-12　添加学生信息

```
请选择:2
+---------------+-----+-------+
|      name     | age | score |
+---------------+-----+-------+
|       Li      |  17 |   78  |
|      Fang     |  18 |   91  |
+---------------+-----+-------+
请输入y回主菜单，输入其他退出程序y
```

图 6-13　查看所有学生信息

输入字母“y”可返回主菜单。主菜单如图 6-11 所示。输入数字“1”可继续添加学生信息，如图 6-14 所示。

输入字母“y”可返回主菜单。主菜单如图 6-11 所示。输入数字“2”可再次查看所有学生信息，可以看到学生信息添加成功，如图 6-15 所示。

```
请选择:1
请输入学生姓名:Zhu
请输入学生年龄:17
请输入学生成绩:82
请输入学生姓名:
请输入y回主菜单，输入其他退出程序y
```

图 6-14　添加学生信息

```
请选择:2
+---------------+-----+-------+
|      name     | age | score |
+---------------+-----+-------+
|       Li      |  17 |   78  |
|      Fang     |  18 |   91  |
|      Zhu      |  17 |   82  |
+---------------+-----+-------+
请输入y回主菜单，输入其他退出程序y
```

图 6-15　查看所有学生信息

输入字母“y”可返回主菜单。主菜单如图 6-11 所示。输入数字“4”可按姓名删除学生信息，如图 6-16 所示。

输入字母“y”可返回主菜单。主菜单如图 6-11 所示。再次输入数字“2”查看所有学生信息，可以看到前面删除学生的信息不存在了，说明删除学生信息成功，如图 6-17 所示。

```
请选择:4
请输入要删除的学生姓名:Li
删除名为Li的学生成功
请输入y回主菜单，输入其他退出程序y
```

图 6-16　按姓名删除学生信息

```
请选择:2
+---------------+-----+-------+
|      name     | age | score |
+---------------+-----+-------+
|      Fang     |  18 |   91  |
|      Zhu      |  17 |   82  |
+---------------+-----+-------+
请输入y回主菜单，输入其他退出程序
退出程序
```

图 6-17　查看所有学生信息

输入字母“y”以外的其他内容可退出程序。

获取资源：

PDF文档内容：学生信息管理系统完整代码

## 任务评价

请教师和学生填写表 6-4，对任务实施情况进行评价、反思并提出改进措施。

表 6-4　职业能力评价、反思和改进

<table>
<tr><td colspan="8">任务名称：</td></tr>
<tr><td>班级</td><td></td><td>小组</td><td></td><td>姓名</td><td></td><td>日期</td><td colspan="2">年　月　日</td></tr>
<tr><td rowspan="9">职业能力评价</td><td colspan="5">能　力</td><td>自评</td><td>组内互评</td><td>教师评</td></tr>
<tr><td>自我管理能力<br>（20 分）</td><td colspan="4">1. 出勤情况。<br>2. 遵守纪律情况。<br>3. 任务完成情况，有无提问记录。<br>4. 主动参与活动情况</td><td></td><td></td><td></td></tr>
<tr><td>合作交流能力<br>（10 分）</td><td colspan="4">1. 能够使用文明礼貌用语，有效地沟通。<br>2. 能够与组员主动交流，积极合作</td><td></td><td></td><td></td></tr>
<tr><td>解决问题能力<br>（10 分）</td><td colspan="4">1. 能够有效获取和使用信息资源。<br>2. 能够客观分析任务，发现并解决问题</td><td></td><td></td><td></td></tr>
<tr><td>任务创新能力<br>（10 分）</td><td colspan="4">1. 能够提出有价值的观点和建议。<br>2. 能够举一反三，运用不同的方法完成任务</td><td></td><td></td><td></td></tr>
<tr><td>综合能力<br>（50 分）</td><td colspan="4">1. 任务结果完整，并按要求命名和存放。<br>2. 能够很好理解任务的相关知识点，熟练完成任务操作。<br>3. 能有效地参与任务评价</td><td></td><td></td><td></td></tr>
<tr><td colspan="5">合 计 得 分</td><td></td><td></td><td></td></tr>
<tr><td colspan="5">总 评 得 分</td><td colspan="3"></td></tr>
<tr><td colspan="8">注：总评得分 = 自评合计得分 × 20% + 组内互评合计得分 × 20% + 教师评合计得分 × 60%</td></tr>
<tr><td rowspan="3">反思与改进</td><td colspan="8">1. 你认为本任务最有价值的内容是：</td></tr>
<tr><td colspan="8">2. 下列问题需要进一步了解或得到帮助：</td></tr>
<tr><td colspan="8">3. 为使学习更有效，你对本任务教学的建议是：</td></tr>
</table>

## 拓展任务　分析学生成绩

### 任务描述

请在表 6-5 所示学生成绩表中快速找出数学成绩最好的同学。

表 6-5　学生成绩表

| 姓　名 | 语　文 | 数　学 | 英　语 | 理　综 |
|---|---|---|---|---|
| 刘婧 | 124 | 137 | 145 | 260 |
| 张华 | 116 | 143 | 139 | 263 |
| 邢昭林 | 120 | 130 | 148 | 255 |
| 鞠依依 | 115 | 145 | 131 | 240 |
| 黄丽萍 | 123 | 108 | 121 | 235 |
| 赵越 | 132 | 100 | 112 | 210 |

小张和他的团队发现，使用学生信息管理系统可以方便地管理学生信息，但是大量数据（学生成绩）的罗列不能直观地呈现数据（学生成绩）间的关系与规律，不利于对学生学情进行分析，该怎样解决这一问题呢？

## 任务分析

王经理建议小张和他的团队可以了解一下数据分析与可视化工具，以图表的形式展现数据，可以更高效地传达信息。最终小张和他的团队通过学习与实践完成了任务，教师也能通过可视化工具分析学生学情，为学生学习提供科学的指导意见。

## 任务目标与重难点

| 任务目标 | 分析学生成绩 |
|---|---|
| 任务重点和难点 | ndarray 对象、pyplot 模块（重点） |
| | 创建 ndarray 对象、使用 pyplot 模块绘图（难点） |

## 任务准备

### 1. ndarray 对象

ndarray 对象是 NumPy 中的一个 N 维数组对象。该对象具有矢量算术能力和复杂的广播能力，常用于科学计算。ndarray 对象中的元素可以通过索引访问，索引序号从 0 开始。ndarray 对象中存储的所有元素的类型必须相同。

### 2. 创建 ndarray 对象的函数

创建 ndarray 对象的函数见表 6-6。

表 6-6　创建 ndarray 对象的常用函数

| 函　数 | 描　述 |
|---|---|
| np.array(object) | 利用常规 Python 列表或元组创建数组 |
| np.zeros((m,n)) | 创建一个 m 行 n 列且元素均为 0 的数组 |
| np.ones((m,n)) | 创建一个 m 行 n 列且元素均为 1 的数组 |
| np.empty((m,n)) | 创建一个 m 行 n 列且不包含初始项的数组 |
| np.arange(x,y,i) | 创建一个由 x 到 y 且步长为 i 的数组 |
| np.linspace(x,y,n) | 创建一个由 x 到 y 且等分成 n 个元素的数组 |
| np.random.rand(m,n) | 创建一个 m 行 n 列且元素为随机值的数组 |

认识数据分析与数据可视化

视频内容：

① 什么是数据分析？
② 数据分析流程。
③ 数据分析常用工具。
④ NumPy。
⑤ matplotlib。
⑥ pandas。
⑦ 什么是数据可视化？

小贴士：

Python 内置模块中有一个 array 类型，用于保存数组类型的数据，但是 array 类型只能处理一维数组，其内部提供的功能较少，不适合做数值计算，而 NumPy 拥有对高维数组的处理能力，常用于科学计算。在导入 NumPy 模块时可为其设置别名，其语法格式如下：

```
import numpy as np
```

**小贴士：**

当使用 print() 函数打印二维数组时，NumPy 会以类似于嵌套列表的形式显示。

若一个数组的维度过大，NumPy 只会打印出两端的元素，中间的元素用省略号替换。

如创建一个 100 行 100 列且元素均为 1 的数组，代码如下：

```
import numpy as np
print(np.ones ((100,
100)))
```

程序运行结果如下：

```
[[1. 1. 1. ... 1. 1. 1.]
 [1. 1. 1. ... 1. 1. 1.]
 [1. 1. 1. ... 1. 1. 1.]
 ...
 [1. 1. 1. ... 1. 1. 1.]
 [1. 1. 1. ... 1. 1. 1.]
 [1. 1. 1. ... 1. 1. 1.]]
```

通过 ndarray 对象的常用函数创建数组，代码如下：

```
import numpy as np

print(np.zeros((2,3)))          # 创建2行3列且元素均为0的数组
print(np.arange(1,10,3))        # 创建由1到10且步长为3的数组
print(np.linspace(1,10,4))  # 创建由1到10且等分成4个元素的数组
```

程序运行结果如下：

```
[[0. 0. 0.]
 [0. 0. 0.]]
[1 4 7]
[ 1.  4.  7. 10.]
```

### 3. ndarray 对象的常见属性

数组创建好以后便可以查看它的一些基本属性。ndarray 对象的常见属性见表 6-7。

表 6-7　ndarray 对象的常见属性

| 属　性 | 描　述 |
| --- | --- |
| ndarray.ndim | 数组的维度，也就是轴个数 |
| ndarray.shape | 表示数组维度大小的整数元组。如 n 行 m 列数组，shape 属性为 (n,m) |
| ndarray.size | 数组元素的总个数 |
| ndarray.dtype | 数组元素的数据类型 |
| ndarray.itemsize | 数组中每个元素的字节大小 |

创建一维数组和二维数组，并查看这两个数组的一些属性，代码如下：

```
import numpy as np
x = np.array([3,7,9,8])                   # 创建一维数组
print(x)
print(x.ndim)                             # 数组维度
print(x.shape)                            # 数组在每个维度上的大小
print(x.size)                             # 数组元素的总个数
y = np.array([[3,7,9,8],[2,4,9,5]])  # 创建二维数组
print(y)
print(y.ndim)                             # 数组维度
print(y.shape)                            # 数组在每个维度上的大小
print(y.size)                             # 数组元素的总个数
```

程序运行结果如下：

```
[3 7 9 8]
1
(4,)
4
```

```
[[3 7 9 8]
 [2 4 9 5]]
2
(2, 4)
8
```

### 4. np.concatenate() 函数

np.concatenate() 函数用于沿指定轴将多个数组合并成一个新的数组，其语法格式如下：

```
numpy.concatenate((a1, a2, ...), axis=0, out=None )
```

参数说明：

■ (a1, a2, ...)：要合并的数组序列，以元组形式传入。

■ axis：指定合并的轴，即沿着哪个维度进行合并。默认值为 0，表示沿着第一个维度进行合并。

■ out：指定输出数组的可选参数。

合并一维数组，代码如下：

```
import numpy as np
x = np.array([2,3,5])
y = np.array([3,5,6])
z = np.concatenate((x,y))
print(z)
```

程序运行结果如下：

```
[2 3 5 3 5 6]
```

合并二维数组，代码如下：

```
import numpy as np
x = np.array([[2,3],[5,6]])
y = np.array([[3,5],[7,9]])
z = np.concatenate((x,y),axis=0)     # 按行合并
print(z)
n = np.concatenate((x,y),axis=1)     # 按列合并
print(n)
```

程序运行结果如下：

```
[[2 3]
 [5 6]
 [3 5]
 [7 9]]
[[2 3 3 5]
 [5 6 7 9]]
```

**知识点延伸：**

NumPy的基本操作

**PDF 文档内容：**

① 改变数组形状的属性和方法。

② NumPy 数组的索引和切片。

③ 算术运算函数。

### 5. pyplot 模块

matplotlib 中提供了子模块 pyplot。pyplot 模块中封装了一套类似 MATLAB 命令式的绘图函数。用户只要调用 pyplot 模块中的函数，就可以快速绘图。

引入 pyplot 模块的语法格式如下：

```
import matplotlib.pyplot as plt
```

### 6. pyplot 模块的绘图函数

pyplot 模块中包含了一组快速生成基础图表的函数，见表 6-8。

知识点延伸：

pyplot的绘图区域

PDF 文档内容：

① pyplot 的绘图区域函数。
② figure() 函数。
③ axes() 函数。
④ subplot() 函数。
⑤ subplots() 函数。

表 6-8　pyplot 模块的绘图函数

| 函　　数 | 描　　述 |
|---|---|
| plt.plot(x, y) | 绘制折线图 |
| plt.boxplot(x, notch) | 绘制箱形图 |
| plt.bar(x, height, width, bottom) | 绘制条形图 |
| plt.barh(y, width, height, left) | 绘制水平条形图 |
| plt.hist(x, bins) | 绘制直方图 |
| plt.pie(data) | 绘制饼图 |
| plt.scatter(x, y) | 绘制散点图 |
| plt.specgram(x, NFFT, Fs) | 绘制光谱图 |
| plt.stackplot(x) | 绘制堆积区域图 |
| plt.step(x, y, where) | 绘制步阶图 |
| plt.violinplot(dataset, positions, vert) | 绘制小提琴图 |
| plt.vlines(x, ymin, ymax) | 绘制垂直线 |
| plt. polar (theta, r) | 绘制雷达图（极区图） |

pyplot 模块中的 plot() 函数可用来绘制简单的折线图，其语法格式如下：

```
plot(x, y, fmt,  **kwargs)
```

参数说明：

■ x 和 y：用于接收 x 和 y 轴所用到的数据，可以是列表或 NumPy 数组。

■ fmt：是一个可选的格式字符串，用于指定线条的样式、颜色和标记。

■ **kwargs：是一系列可选参数，用于进一步自定义线条的属性，如标签、线宽、标记大小等。

线条的样式见表 6-9。

表 6-9　线条样式

| 线条样式 | 描　　述 | 线条样式 | 描　　述 |
|---|---|---|---|
| "-" | 实线 | "-." | 短点相间线 |
| "--" | 长虚线 | ":" | 短虚线 |

线条的颜色见表 6-10。

表 6-10　颜色

| 颜色值 | 描述 | 颜色值 | 描述 |
|---|---|---|---|
| "b"(blue) | 蓝色 | "m"(magenta) | 品红 |
| "g"(green) | 绿色 | "y"(yellow) | 黄色 |
| "r"(red) | 红色 | "k"(black) | 黑色 |
| "c"(cyan) | 青色 | "w"(white) | 白色 |

线条的标记见表 6-11。

表 6-11　线条标记

| 标记值 | 描述 | 标记值 | 描述 |
|---|---|---|---|
| "." | 点 | "s" | 实心方形标记 |
| "," | 像素标记（极小点） | "p" | 实心五角标记 |
| "o" | 实心圈标记 | "*" | 星形标记 |
| "v" | 倒三角标记 | "h" | 六边形标记 |
| "^" | 正三角标记 | "H" | 横六边形标记 |
| "<" | 左三角标记 | "+" | 十字标记 |
| ">" | 右三角标记 | "x" | x 标记 |
| "1" | 下花三角标记 | "D" | 菱形标记 |
| "2" | 上花三角标记 | "d" | 瘦菱形标记 |
| "3" | 左花三角标记 | "\|" | 垂直线标记 |
| "4" | 右花三角标记 | "_" | 水平线标记 |

### 7. 设置坐标系标签的信息

绘制图表时还可以设置坐标系标签的信息，见表 6-12。

表 6-12　设置坐标系标签的函数

| 函数 | 描述 |
|---|---|
| plt.title() | 设置当前坐标的标题 |
| plt.text() | 为坐标图轴添加注释 |
| plt. xlabel() | 设置当前 x 轴的标签名称 |
| plt. ylabel() | 设置当前 y 轴的标签名称 |
| plt. xticks() | 设置当前 x 轴刻度位置的标签与取值 |
| plt. yticks() | 设置当前 y 轴刻度位置的标签与取值 |
| plt. xlim() | 设置当前 x 轴的取值范围 |
| plt. ylim() | 设置当前 y 轴的取值范围 |
| plt. legend() | 在当前坐标图放置一个图例 |

小贴士：

图例只能在绘制完图形以后添加。

**问题思考：**

matplotlib 绘图时会出现中文字符不能正确显示的问题。

**问题解析：**

出现这种情况主要是因为 matplotlib 的配置信息里面没有中文字体的相关信息。修改后的代码如下：

```
# 设置显示中文字体
plt.rcParams["font.sans-serif"]=["SimHei"]
# 设置正常显示符号
plt.rcParams["axes.unicode_minus"]=False
```

扫码看彩色曲线

使用 plot() 函数绘制两条曲线，并为曲线设置线型和颜色，给当前的坐标系添加标题、标签名称和图例，代码如下：

```
import numpy as np
import matplotlib.pyplot as plt
plt.rcParams['font.sans-serif'] = ['SimHei']          # 设置显示中文字体
plt.rcParams['axes.unicode_minus'] = False            # 设置正常显示符号
data = np.arange(0, 1.1, 0.01)
plt.title("曲线")                                      # 添加标题
plt.xlabel("x")                                        # 添加x轴的名称
plt.ylabel("y")                                        # 添加y轴的名称
# 设置x和y轴的刻度
plt.xticks([0, 0.5, 1])
plt.yticks([0, 0.5, 1.0])
plt.plot(data, data**2, "g--")# 绘制y=x^2曲线，颜色为绿色，线型为长虚线
plt.plot(data, data**3, "b:")# 绘制y=x^3曲线，颜色为蓝色，线型为短虚线
plt.legend(["y=x^2", "y=x^3"])                        # 添加图例
plt.show()                                             # 在本机上显示图形
```

程序运行如图 6-18 所示。

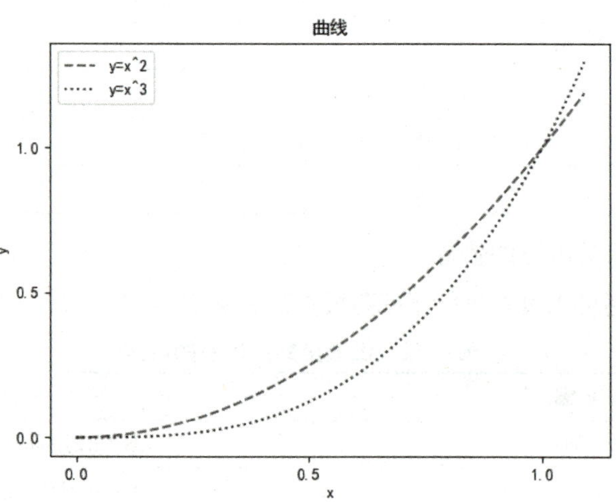


图 6-18　使用 plot() 函数绘制曲线

## 任务实施

小张和他的团队对表格中的数据进行了可视化处理，代码如下：

```
import numpy as np
import matplotlib.pyplot as plt
plt.rcParams['font.sans-serif'] = 'SimHei'            # 设置显示中文字体
plt.rcParams['axes.unicode_minus'] = False            # 设置正常显示符号
courses = np.array(["语文","数学","英语","理综"])
```

```
    scores = np.array([[124, 116, 120, 115, 123, 132],
                       [137, 143, 130, 145, 108, 100],
                       [145, 139, 148, 131, 121, 112],
                       [260, 263, 255, 240, 235, 210]])
    # 数据的长度
    data_length = len(scores)
    # 把圆周等分为data_length份
    angles = np.linspace(0, 2*np.pi, data_length, endpoint=False)
    scores = np.concatenate((scores, [scores[0]]))
    angles = np.concatenate((angles, [angles[0]]))
    courses = np.concatenate((courses,[courses[0]]))
    # 绘制雷达图
    plt.polar(angles, scores, 'o-', linewidth=3)
    # 设置角度和网格标签
    plt.thetagrids(angles*180/np.pi, courses, fontproperties='simhei')
    plt.title('成绩分析')
    plt.legend(["刘婧","张华","邢昭林","鞠依依","黄丽萍","赵越"], loc=(0.94,
0.80), labelspacing=0.1)
    plt.show()
```

程序运行结果如图 6-19 所示。

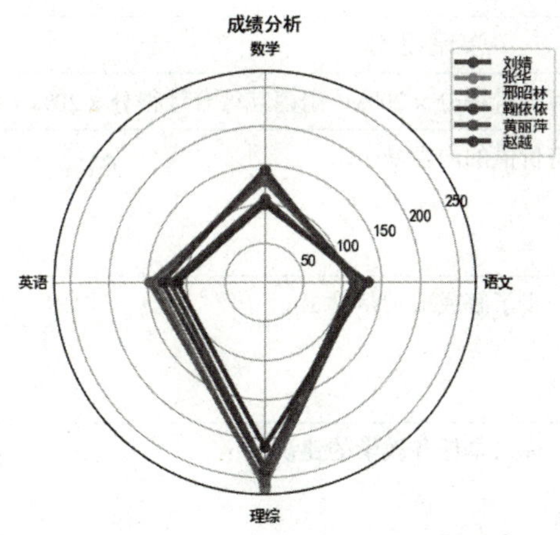


图 6-19　学生成绩雷达图

通过图可以直观地看到数学成绩最好的是鞠依依同学，赵越同学的语文成绩最好，但理综、英语、数学三科成绩排名靠后，需要加强这几科的学习。

## 任务评价

请教师和学生填写表 6-13，对任务实施情况进行评价、反思并提出改进措施。

表 6-13 职业能力评价、反思和改进

<table>
<tr><td colspan="6">任务名称：</td></tr>
<tr><td>班级</td><td>小组　　　　　姓名</td><td></td><td>日期</td><td colspan="2">年　月　日</td></tr>
<tr><td rowspan="8">职业能力评价</td><td colspan="2">能　力</td><td>自评</td><td>组内互评</td><td>教师评</td></tr>
<tr><td>自我管理能力<br>（20 分）</td><td>1. 出勤情况。<br>2. 遵守纪律情况。<br>3. 任务完成情况，有无提问记录。<br>4. 主动参与活动情况</td><td></td><td></td><td></td></tr>
<tr><td>合作交流能力<br>（10 分）</td><td>1. 能够使用文明礼貌用语，有效地沟通。<br>2. 能够与组员主动交流，积极合作</td><td></td><td></td><td></td></tr>
<tr><td>解决问题能力<br>（10 分）</td><td>1. 能够有效获取和使用信息资源。<br>2. 能够客观分析任务，发现并解决问题</td><td></td><td></td><td></td></tr>
<tr><td>任务创新能力<br>（10 分）</td><td>1. 能够提出有价值的观点和建议。<br>2. 能够举一反三，运用不同的方法完成任务</td><td></td><td></td><td></td></tr>
<tr><td>综合能力<br>（50 分）</td><td>1. 任务结果完整，并按要求命名和存放。<br>2. 能够很好理解任务的相关知识点，熟练完成任务操作。<br>3. 能有效地参与任务评价</td><td></td><td></td><td></td></tr>
<tr><td colspan="2">合计得分</td><td></td><td></td><td></td></tr>
<tr><td colspan="2">总评得分</td><td colspan="3"></td></tr>
<tr><td></td><td colspan="5">注：总评得分 = 自评合计得分 × 20% + 组内互评合计得分 × 20% + 教师评合计得分 × 60%</td></tr>
<tr><td rowspan="3">反思与改进</td><td colspan="5">1. 你认为本任务最有价值的内容是：</td></tr>
<tr><td colspan="5">2. 下列问题需要进一步了解或得到帮助：</td></tr>
<tr><td colspan="5">3. 为使学习更有效，你对本任务教学的建议是：</td></tr>
</table>

## 素养提升　探寻图形规律，发现编程之美

小张和他的团队发现生活中有很多有趣的图形，看似复杂却有其内在的规律，如图 6-20 所示。

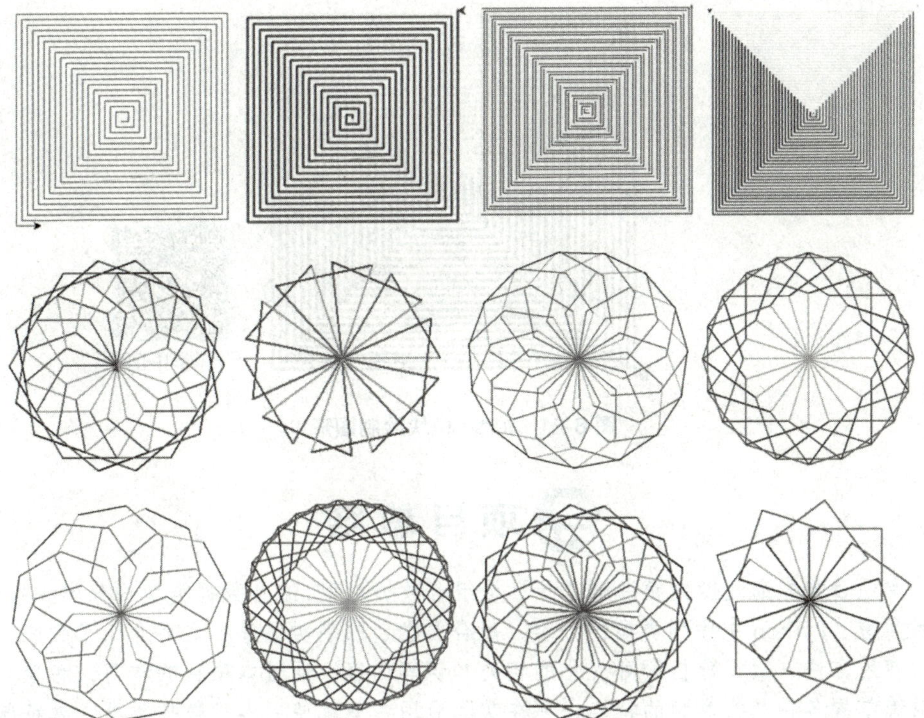

图 6-20　有趣的图形

扫码看彩色的有趣图形

他们思考能否使用 Python 绘制图形。王经理建议小张和他的团队可以了解一下 turtle 模块。turtle 模块是 Python 语言中自带的一个用于绘制图像的函数模块，为使用者提供一个或多个小乌龟作为画笔。使用者可通过 turtle 模块提供的各种方法去控制小乌龟在一个平面直角坐标系中移动并绘制移动轨迹以画出想要的图案，并可以通过列表保存多种颜色，绘制出颜色丰富的图案。

小张和他的团队使用 turtle 模块绘制有趣的图形，代码如下：

```
import turtle
import time
time.sleep(1)
clrs = ['purple', 'green', 'pink', 'blue']
turtle.pensize(2)
turtle.speed('fastest')
for x in range(100):
    turtle.color(clrs[x%4])
    turtle.forward(2*x)
    turtle.left(90)
turtle.done()
```

程序运行结果如图 6-21 所示。

知识点延伸：

turtle模块

PDF 文档内容：
① turtle 模块。
② 设置画布大小。
③ 绘图命令。

**素养园地：**

探寻图形规律，发现编程之美。生活中有很多有规律的现象，周期性地重复出现。大家可以发现其中的规律，使用循环语句实现，感受规律的探寻过程，获得探究活动经验，通过组合类型中的列表保存多种颜色，可以绘制出颜色丰富的图案，发现编程之美，发现生活之美，让我们的生活丰富多彩。

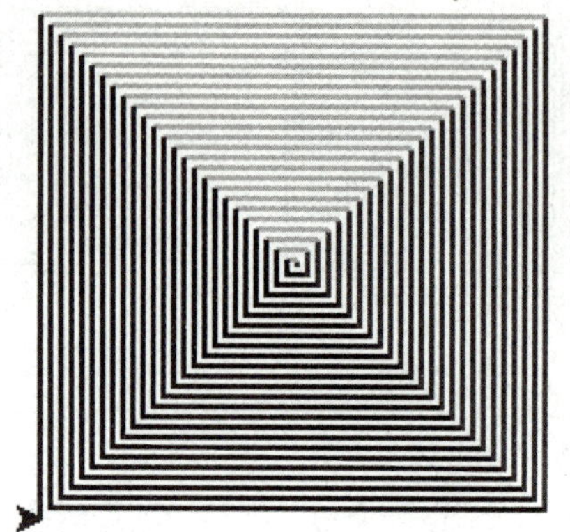

扫码看彩色的图形

图 6-21　turtle 模块绘制图形

# 项目总结

本项目首先通过微视频讲解了什么是组合数据类型、组合数据类型的分类和特点、序列类型、Python 中序列类型的分类、集合类型、映射类型等。之后介绍了列表和元组的使用方法、数据分析和可视化的相关知识等内容，通过本项目的学习，希望大家能熟练掌握各种数据类型的特点，并在实际应用中熟练使用各种数据类型，熟练掌握数据分析与可视化工具，具备使用工具分析数据的能力。

# 巩固与应用

请使用微信"扫一扫"
扫码进行课后小测

## 1. 单选题

① 关于列表的说法，描述错误的是（　　）。

A. 列表是一个有序集合，没有固定大小

B. 列表可以存放 Python 中任意类型的数据

C. 使用列表时其下标可以是负数

D. 列表是不可变数据类型

② 下列方法中，不能删除字典中元素的是（　　）。

A. clear()　　B. remove()　　C. pop()　　D. popitem()

③ 下列方法中，可以对列表元素排序的是（　　）。

A. sort()　　B. reverse()　　C. max()　　D. list()

④ 下列方法中，默认删除列表的最后一个元素是（　　）。

A. del　　B. remove()　　C. pop()　　D. extend()

⑤ Python 中，列表 a= [1,2,3,4] 删除列表元素，不可以采用语句（　　）。

A. del a(3)　　B. del a[2]　　C. a.remove(3)　　D. a.pop(−2)

⑥ ls=["abc","dd",[3,4]]，要获取第三个元素中的第一个值 3，可使用表达式(　　)。

A. ls[3]　　B. ls[3,1]　　C. ls[3][1]　　D. ls[2][0]

⑦ 以下关于列表操作的描述，错误的是（　　）。

A. 通过 append() 方法可以向列表添加元素

B. 通过 extend() 方法可以将另一个列表中的元素逐一添加到列表中

C. 通过 insert(index,object) 方法在指定位置 index 前插入元素 object

D. 通过 add() 方法可以向列表添加元素

⑧ 以下关于字典类型的描述，正确的是（　　）。

A. 字典类型可迭代，即字典的值还可以是字典类型的对象

B. 表达式“for x in d:”中，假设 d 是字典，则 x 是字典中的键值对

C. 字典类型的键可以是列表和其他数据类型

D. 字典类型的值可以是任意数据类型的对象

⑨ 以下关于组合类型的描述，错误的是（　　）。

A. 可以用大括号创建字典，用中括号增加新元素

B. 嵌套的字典数据类型可以用来表达高维数据

C. 字典的 pop() 函数可以返回一个键对应的值，并删除该键值对

D. 空字典和空集合都可以用大括号来创建

⑩ 以下关于字典操作的描述，错误的是（　　）。

A. del 用于删除字典或者元素

B. clear 用于清空字典中的数据

C. len 方法可以统计字典中键值对的个数

D. keys 方法可以获取字典的值

⑪ 以下选项中，不能创建建立字典的方式是（　　）。

A. d={1:[1,2],3:[3,4]}　　B. d={[1,2]:1,[3,4]:3}

C. d={(1,2):1,(3,4):3}　　D. d={“张三”:1,”李四”:2}

⑫ 下列函数中，可以计算字典元素个数的是（　　）。

A. Cmp()　　B. Len()　　C. Type()　　D. Str()

⑬ 对于列表 ls 的操作，以下选项中描述错误的是（　　）。

A. ls. append(x) 用于在 ls 最后增加一个元素

B. ls.clear() 用于删除 ls 的最后一个元素

C. ls.copy() 用于生成一个新列表，复制 s 的所有元素

D. ls.reverse() 用于使列表 ls 的所有元素反转

⑭ 以下关于字典的描述，错误的是（　　）。

A. 字典中元素以键信息为索引访问

B. 字典长度是可变的

C. 字典是键值对的集合

D. 字典中的键可以对应多个值信息

## 2. 多选题

① 关于列表类型，下列描述正确的是（　　）。

A. 列表是一个不可以修改数据项的类型

B. 列表长度不可以变

C. 列表用 [ ] 表示

D. 列表的元素可以是不同类型

② 以下方法中，可以给集合添加元素的是（　　）。

A. add() 方法　　B. append() 方法

C. update() 方法　　D. remove() 方法

### 3. 判断题

① Python 支持使用字典的“键”作为下标来访问字典中的值。（　　）

② 元组可以作为字典的“键”。（　　）

③ Python 集合可以包含相同的元素。（　　）

④ Python 字典中的“值”不允许重复。（　　）

⑤ Python 集合中的元素可以是列表。（　　）

⑥ 使用 Python 列表的方法 insert() 为列表插入元素时会改变列表中插入位置之后元素的索引。（　　）

⑦ 假设 x 为列表对象，那么 x.pop() 和 x. pop(−1) 的作用是一样的。（　　）

⑧ 元组是不可变的，不支持列表对象的 insert()、remove() 等方法，也不支持 del 命令删除其中的元素，但可以使用 del 命令删除整个元组对象。（　　）

⑨ 无法删除集合中指定位置的元素，只能删除特定值的元素。（　　）

⑩ 当以指定“键”为下标给字典对象赋值时，若该“键”存在则表示修改该“键”对应的“值”，若不存在则表示为字典对象添加一个新的“键 - 值”对。（　　）

⑪ 只能通过切片访问元组中的元素，不能使用切片修改元组中的元素。（　　）

⑫ 创建只包含一个元素的元组时，必须在元素后面加一个逗号，如 (3,)。（　　）

### 4. 程序设计题

① 请编写程序，格式化输出杨辉三角形。杨辉三角形又称 Pascal 三角形，它的第 $i$+1 行是 $(a+b)i$ 的展开式的系数。它的一个重要性质是：三角形中的每个数字等于它两肩上的数字相加。下面给出了杨辉三角形的前五行，输入 $n$，输出它的前 $n$ 行。

```
    1
   1 1
  1 2 1
 1 3 3 1
1 4 6 4 1
```

② 已知列表 ls=[3,8,1,34,12,5]，请对列表 ls 按照升序和降序两种方式进行排列。

③ 已知列表 ls=[3,8,1,34,12,5]，请使用两种方式对 ls 进行反转。

# 项目 7
# 制作录取通知书

## 项目综述

### 项目导读

项目导读

高考结束后，东华职业技术学院委托华信智能技术有限公司为录取学生制作录取通知书，而这项任务公司王经理就交给了小张和他的团队。此次需要制作的录取通知书数量较多，如果一张一张制作费时费力，效率低。王经理提醒他们可以先分析录取通知书的特点。小张和他的团队通过分析发现除了姓名，录取通知书上的其他内容都是一样的，可以使用 Python 循环结构来解决这个问题。但在以往的项目中，程序对数据读取和处理都是在内存中进行的，程序设计结束或关闭后，内存中的这些数据也会随之消失。那么，如何将数据长期存储下来反复使用，不会因程序结束或断电而消失？王经理提醒他们可以先了解一下 Python 的文件。Python 可以处理操作系统下的文件结构，并对文本文件、二进制文件及其他类型的文件（如电子表格文件）等进行输入和输出操作。另外，Python 还可以管理文件和目录。最终他们利用了 Python 批量制作文件技术，高质高效地完成了任务，受到了客户的好评。

### 项目目标

| 知识目标 | 能力目标 | 素质目标 |
|---|---|---|
| ◎了解文件的概念与类型；<br>◎掌握文件的基本操作方法；<br>◎掌握 os 模块的使用方法 | ◎能对文件进行打开、关闭、读写等操作；<br>◎能管理文件与目录 | ◎培养学生分析问题，解决实际问题的能力；<br>◎培养学生团队合作的能力；<br>◎培养学生严谨细致的工作态度；<br>◎培养学生的协作、宽容和探索精神 |

## 项目导图

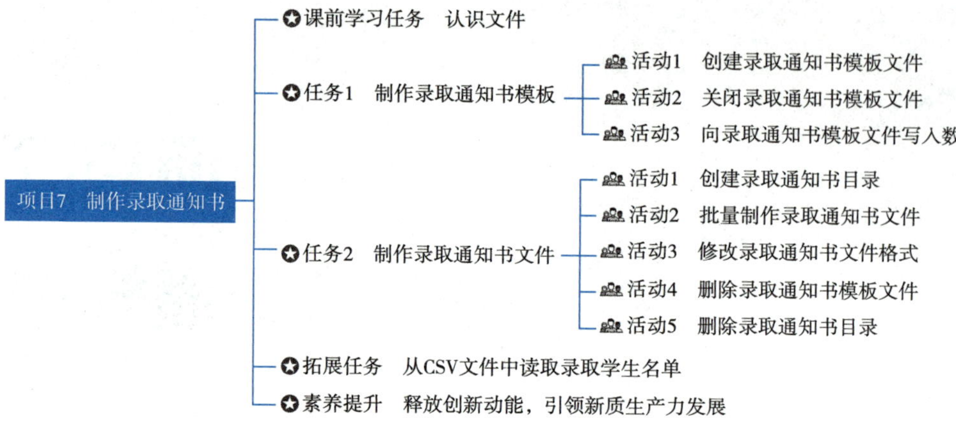


## 课前学习任务

认识文件

视频内容：

① 文件。

② 文件标识。

③ 文件的类型。

请使用微信“扫一扫”扫码答题

扫一扫侧边二维码观看课前学习相关视频，并完成下面的题目。

### 1. 单选题

① 以下关于文件的说法中，正确的是（　　）。

A. 以 .txt 为后缀的文件是文本文件

B. 在 txt 文件中写入一串二进制数字后，这个文件就变成了一个二进制文件

C. 以 png 格式存储的图片是文本文件

D. 以 mp4 格式存储的视频文件是文本文件

② 下列选项中为相对路径的是（　　）。

A. D:\programs\java\myprogram.java

B. https://www.baidu.com/

C. ../images/1.jpg

D. C:/images/1.jpg.

③ 在 Windows 中，目录一般采用（　　）结构。

A. 并排形　　B. 树形　　C. 环形　　D. 星形

④ 下列选项中为绝对路径的是（　　）。

A. C:\test.py　　B. ./test.py　　C. ../test.py　　D. ../../test.py

⑤ 下列关于文件对象的描述，错误的是（　　）。

A. 读写文件时需要操作系统打开一个文件对象

B. 通常高级编程语言会提供一个内置的函数，通过接收“文件路径”“打开模式”等参数来初始化一个文件对象，并返回该对象赋值给一个变量

C. 一般情况下操作系统不允许普通程序直接操作磁盘

D. 读写文件可以不生成文件对象，直接进行磁盘操作

### 2. 多选题

① 文件的操作分为（　　）三个步骤。

A. 打开文件　　B. 读文件或者写文件　　C. 关闭文件

D. 新建文件　　E. 删除文件

② 从文件的编码方式来分，文件主要有（　　）两种。

A. 普通文件　　B. 文本文件　　C. 二进制文件　　D. 设备文件

③ 常见的文件编码有（　　）。

A. ASCII　　B. GB2312　　C. GBK　　D. UTF-8

### 3. 判断题

① UTF-8 是不常用的文件编码方式。（　　）

② 在计算机中，保存文件是通过目录来进行管理的。（　　）

③ ASCII 编码是美国标准信息交换代码，它是基于拉丁字母的一套电脑编码系统，主要用于显示英语和其他西欧语言。（　　）

# 任务 1　制作录取通知书模板

## 任务综述

### 任务描述

小张领到任务后与团队成员就如何进行录取通知书的制作展开了讨论。通过前面的分析他们知道除了姓名，录取通知书上的其他内容都是一样的。于是他们决定先制作录取通知书模板，再批量制作录取通知书。

### 任务分析

实际上制作录取通知书模板就是制作一个文件。那么如何在 Python 中制作一个文件呢？在日常工作中，我们对计算机文件的操作流程如图 7-1 所示。

同样，Python 文件的操作流程相似，如图 7-2 所示。

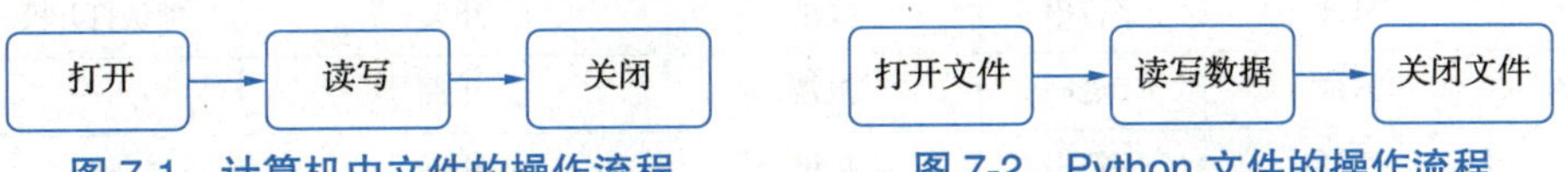


图 7-1　计算机中文件的操作流程　　图 7-2　Python 文件的操作流程

因此，可依据 Python 文件的操作流程制作录取通知书模板。

### 任务目标与重难点

| 任务目标 | 用文件的打开、写和关闭等操作制作录取通知书模板 |
| --- | --- |
| 任务重点和难点 | 文件的打开和关闭、文件的写操作（重点） |
| | 使用上下文管理器关闭文件（难点） |

创建和关闭录取通知书模板文件

视频内容：

① Python 文件的操作流程。

② 打开（新建）文件。

③ 文件的打开模式。

④ 使用 open() 函数创建录取通知书模板文件。

⑤ 关闭文件。

⑥ 关闭创建的录取通知书模板文件。

## 活动 1　创建录取通知书模板文件

### 活动准备

#### 1. 文件对象和 open() 函数

Python 内置了文件对象。通过内置函数 open() 可以打开或者创建文件对象。其语法格式如下：

```
open(file, mode='r', buffering=-1, encoding=None, errors=None,
newline=None, closefd=True, opener=None)
```

参数说明：

■ file：必需，文件路径（相对或者绝对路径）。

■ mode：可选，文件打开模式。

■ buffering：设置缓冲区策略。

■ encoding：编码方式，一般使用 UTF-8。

■ errors：报错级别。

■ newline：区分换行符。

■ closefd：传入的 file 参数类型。

■ opener：设置自定义开启器，开启器的返回值必须是一个打开的文件描述符。

open() 函数共有八个参数，其中参数 file 和 mode 是最为常用的，其他的参数一般情况下很少使用。

当通过内置函数 open() 无法打开文件时，会引发异常 OSError。

#### 2. 文件的打开模式

打开模式表示打开文件的模式，一般有只读、写入、追加等。文件的打开模式决定了后续能对文件施加什么样的操作，是非强制的，默认文件打开模式为只读（r）。表 7-1 展示了文件的不同的打开模式。

表 7-1　文件的打开模式

| 模式 | 可执行的操作 | 格式 | 若文件不存在时 | 文件指针在文件的位置 | 备注 |
|---|---|---|---|---|---|
| r | 只读 | 字符串 | 报错 | 开头 | 默认打开模式 |
| rb | 只读 | 二进制 | 报错 | 开头 | — |
| r+ | 读写 | 字符串 | 报错 | 开头 | — |
| rb+ | 读写 | 二进制 | 报错 | 开头 | — |
| w | 只写 | 字符串 | 创建新文件 | 开头 | 覆盖原文件 |
| wb | 只写 | 二进制 | 创建新文件 | 开头 | 覆盖原文件 |
| w+ | 读写 | 字符串 | 创建新文件 | 开头 | 覆盖原文件 |
| wb+ | 读写 | 二进制 | 创建新文件 | 开头 | — |
| a | 追加 | 字符串 | 创建新文件 | 结尾 | — |
| ab | 追加 | 二进制 | 创建新文件 | 结尾 | — |

续表

| 模式 | 可执行的操作 | 格式 | 若文件不存在时 | 文件指针在文件的位置 | 备注 |
|---|---|---|---|---|---|
| a+ | 追加 | 字符串 | 创建新文件 | 结尾 | — |
| ab+ | 追加 | 二进制 | 创建新文件 | 结尾 | — |

### 活动实施

小张和他的团队使用 open() 函数创建“录取通知书模板 .txt”文件，代码如下：

```
f=open('录取通知书模板.txt')
```

程序运行后却返回了错误信息，如图 7-3 所示。

```
Traceback (most recent call last):
  File "D:/python/项目7/7-1制作录取通知书模板.py", line 1, in <module>
    f=open('录取通知书模板.txt')
FileNotFoundError: [Errno 2] No such file or directory: '录取通知书模板.txt'
```

图 7-3　运行结果报错

问题诊断：open() 函数默认的打开模式是“r”模式，因为“录取通知书模板 .txt”文件尚未创建（不存在），所以以只读模式打开文件会报错。

改进措施：以“w”模式打开文件，代码如下。

```
f=open('录取通知书模板.txt','w')
```

运行程序，文件创建成功，结果如图 7-4 所示。

7-1制作录取通知书模板.py
录取通知书模板.txt

图 7-4　创建好的录取通知书模板文件

## 活动 2　关闭录取通知书模板文件

### 活动准备

#### 1. 关闭文件的原因

打开的文件对象使用完毕后，需要关闭文件。原因如下：

- 确保文件操作的完成。
- 释放文件中数据占据的内存。

#### 2. 关闭文件的方法

① 常规方式：使用 close() 方法关闭文件。其语法格式如下：

```
fileObject.close()
```

这种方式并不能保证安全，由于文件读写时都有可能产生 IOError 异常，一旦出错，后面的 close() 方法就不会被调用。

② 异常处理方式：使用 try…finally 块来关闭文件。即使出现异常，也可以确保文件能够被正确地关闭。

小贴士：
活动 2 的视频见本任务活动 1 的视频。

素养园地：
如果对文件进行了写入操作，那么应该在完成写入之后进行文件的保存与关闭操作。因为 Python 可能会缓存写入的数据，如果中途断电或出现其他异常情况，缓存的数据是不会写入文件的。所以，我们要养成使用完文件后保存并立刻关闭文件的习惯。

③ 使用 with 语句方式：使用上下文管理器，不需要使用 f.close( ) 关闭文件，执行完缩进区域的代码或遇到异常退出前，会自动关闭文件。上下文管理器由关键字 “with” 和 “as” 联合启动，其语法格式如下：

```
with 表达式 [as target]:
    代码块
```

此格式中，用 [ ] 括起来的部分可以使用或省略。target 参数用于指定变量，该语句将表达式指定的结果保存到该变量中。如果 with as 语句中的代码块不想执行任何语句，可以直接用 pass 语句代替。

### 活动实施

小张和他的团队分别使用了三种方式关闭创建的录取通知书模板文件。

① 使用常规方式关闭文件，代码如下：

```
f=open('录取通知书模板.txt')
f.close()
```

② 使用异常处理方式关闭文件，代码如下：

```
try:
    f = open('录取通知书模板.txt', 'w')
finally:
    f.close()
```

③ 使用 with 语句方式关闭文件，代码如下：

```
with open('录取通知书模板.txt', 'w') as f:
    pass
```

**小贴士：** 使用 with 语句方式关闭文件时不需要使用 f.close()，执行完缩进区域的代码或遇到异常退出前，会自动关闭文件。所以推荐使用此方法关闭文件。

## 活动 3　向录取通知书模板文件写入数据

### 活动准备

当文件创建后，需要向文件中写入数据，该怎样实现呢？

向录取通知书模板文件写入数据

**视频内容：**

① 写文件。

② write() 方法。

③ writelines() 方法。

④ 向录取通知书模板文件写入数据。

#### 1. 写文件

Python 可以写文本文件或二进制文件，只需要在文件打开模式中指定相关模式即可。打开的文件可以一次性全部写入，也可以把列表中存储的内容写入文件。

#### 2. Python 对打开文件执行写操作的方法

*（1）write() 方法*

Python 可通过 write() 方法向文件中写入数据，语法格式如下：

```
fileObject.write(str)
```

参数说明：

- fileobject：表示已经打开的文件对象。
- string：表示要写入文件的字符串。

*（2）writelines() 方法*

writelines() 方法可以实现将字符串列表的内容全部写入文件中，语法格式如下：

```
fileObject.writelines(sequence)
```

参数说明：

■ Sequence：一个列表对象。

（3）flush() 方法

flush() 方法可以把缓冲区的内容写入硬盘，语法格式如下：

```
fileObject.flush()
```

> 小贴士：
> write()方法和 writelines() 方法都不会自动添加换行符。如果需要换行，可在字符串中使用换行符"\n"进行换行。

### 活动实施

小张和他的团队用 write() 方法向"录取通知书模板 .txt"文件写入数据，代码如下：

```
with open('录取通知书模板.txt', 'w') as f:
    f.write('                              录取通知书\n')
    f.write('同学:\n')
    f.write('      经审核，录取你为东华职业技术学院学生，希望你树立远大志向，勤奋学习，全面发展，健康成长，将来成为国家建设的卓越人才。')
```

运行程序，打开"录取通知书模板"文件，如图 7-5 所示，小张和他的团队看到数据写入成功。

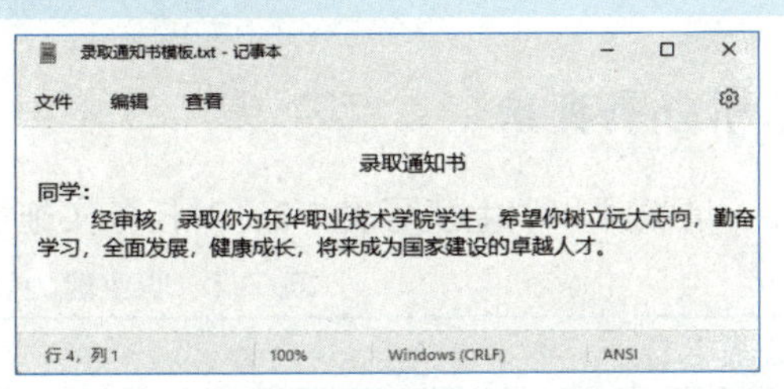


图 7-5　向"录取通知书模板 .txt"文件写入数据

小张和他的团队在校对的过程中发现漏写了录取通知书的落款，于是决定使用 writelines() 方法写入落款，修改代码如下：

```
with open('录取通知书模板.txt', 'w') as f:
    f.write('                              录取通知书\n')
    f.write('同学:\n')
    f.write('      经审核，录取你为东华职业技术学院学生，希望你树立远大志向，勤奋学习，全面发展，健康成长，将来成为国家建设的卓越人才。')
with open('录取通知书模板.txt', 'w') as f1:
    f1.writelines(['                                    东华职业技术学院'])
```

代码修改好后，运行程序，再次打开"录取通知书模板"文件，如图 7-6 所示，小张和他的团队发现录取通知书的落款信息有了，可前面写入的内容却不见了。

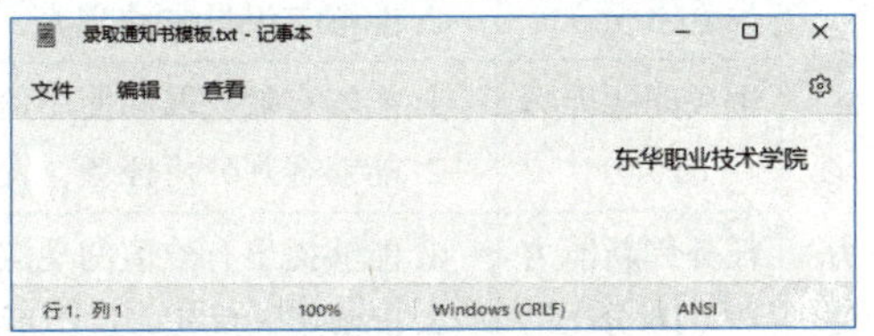


图 7-6　向"录取通知书模板 .txt"文件写入落款

**问题诊断：**程序中第二次打开录取通知书模板文件时使用的是"w"模式。而使用"w"模式打开已有文件时，会覆盖文件原有内容。

**改进措施：**如果要在文件后面添加内容，需要用"a"模式打开文件。用"a"模式打开文件时，文件指针会放在文件末尾，写入数据就不会出现覆盖。

修改代码如下：

```
with open('录取通知书模板.txt', 'w') as f:
```

```
        f.write('                    录取通知书\n')
        f.write('同学:\n')
        f.write('    经审核，录取你为东华职业技术学院学生，希望你树立远大志向，勤奋学习，全面发展，健康成长，将来成为国家建设的卓越人才。')
    with open('录取通知书模板.txt', 'a') as f1:
        f1.writelines(['                    东华职业技术学院'])
```

代码修改好后，运行程序，再次打开“录取通知书模板”文件，如图 7-7 所示，“录取通知书模板”内容写好了。

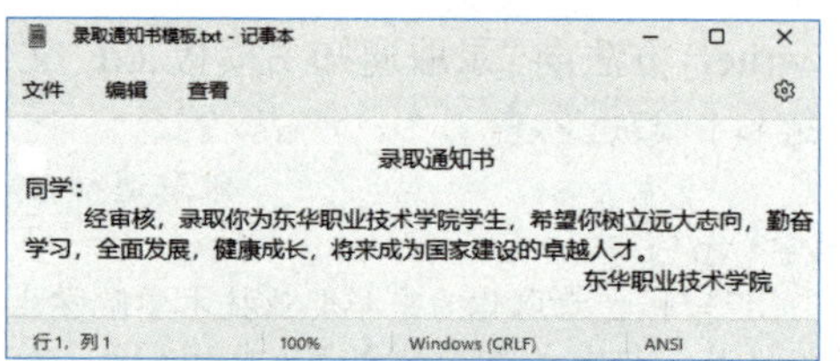


图 7-7　录取通知书模板

## 任务评价

请教师和学生填写表 7-2，对任务实施情况进行评价、反思并提出改进措施。

表 7-2　职业能力评价、反思和改进

任务名称：

| 班级 | | 小组 | | 姓名 | | 日期 | 年　月　日 |
|---|---|---|---|---|---|---|---|

<table>
<tr><td rowspan="9">职业能力评价</td><td colspan="2">能　力</td><td>自评</td><td>组内互评</td><td>教师评</td></tr>
<tr><td>自我管理能力<br>（20 分）</td><td>1. 出勤情况。<br>2. 遵守纪律情况。<br>3. 任务完成情况，有无提问记录。<br>4. 主动参与活动情况</td><td></td><td></td><td></td></tr>
<tr><td>合作交流能力<br>（10 分）</td><td>1. 能够使用文明礼貌用语，有效地沟通。<br>2. 能够与组员主动交流，积极合作</td><td></td><td></td><td></td></tr>
<tr><td>解决问题能力<br>（10 分）</td><td>1. 能够有效获取和使用信息资源。<br>2. 能够客观分析任务，发现并解决问题</td><td></td><td></td><td></td></tr>
<tr><td>任务创新能力<br>（10 分）</td><td>1. 能够提出有价值的观点和建议。<br>2. 能够举一反三，运用不同的方法完成任务</td><td></td><td></td><td></td></tr>
<tr><td>综合能力<br>（50 分）</td><td>1. 任务结果完整，并按要求命名和存放。<br>2. 能够很好理解任务的相关知识点，熟练完成任务操作。<br>3. 能有效地参与任务评价</td><td></td><td></td><td></td></tr>
<tr><td colspan="2">合 计 得 分</td><td></td><td></td><td></td></tr>
<tr><td colspan="2">总 评 得 分</td><td colspan="3"></td></tr>
<tr><td colspan="5">注：总评得分 = 自评合计得分 × 20% + 组内互评合计得分 × 20% + 教师评合计得分 × 60%</td></tr>
</table>

**小贴士：**

采用不同的文件打开模式，会直接影响 write() 函数向文件中写入数据的结果。另外，还需注意，在使用 write() 向文件中写入数据，需保证使用 open() 函数不是以只读（r、rb）的模式打开文件，否则执行 write() 函数会出错。

**举一反三：**

上面的程序还可以怎样写？

**获取资源：**

**PDF 文档内容：**

向录取通知书模板文件写入数据程序的源程序

续表

| 反思与改进 | 1. 你认为本任务最有价值的内容是： |
|---|---|
| | 2. 下列问题需要进一步了解或得到帮助： |
| | 3. 为使学习更有效，你对本任务教学的建议是： |

# 任务 2　制作录取通知书文件

## 任务综述

### 任务描述

录取通知书模板制作好后就可以批量制作录取通知书文件了。小张和他的团队需要将制作好的录取通知书以录取同学的“姓名 + 的录取通知书”命名，并保存在“录取通知书”文件夹中。

### 任务分析

王经理提醒小张和他的团队，Python 系统的 os 模块提供了许多与文件操作相关的函数。另外，通过读取指定的字节数据并赋值给变量，可以实现对指定数据的复制。通过把指定的字节数据写入文件，可以实现对指定数据的粘贴。通过改变文字的读写位置，可以实现对任意位置的数据进行操作。最终小张和他的团队通过学习与实践完成了任务，并在实践中感受到了掌握工具提升工作效率的重要性。

### 任务目标与重难点

| 任务目标 | 用文件的循环和写等操作批量制作录取通知书文件 |
|---|---|
| 任务重点和难点 | os 模块操作文件和目录、文件的读写操作（重点） |
| | os 模块操作文件和目录中异常处理（难点） |

## 活动 1　创建录取通知书目录

创建录取通知书目录

视频内容：
①os 标准库。
②创建目录。
③ 创建录取通知书目录。
④检查目录（文件）是否存在。
⑤ 完善录取通知书目录创建程序。

### 活动准备

#### 1. os 模块

os 模块提供了不少与操作系统相关联的函数，用来处理文件和目录的常规操作，包括删除文件、文件重命名、创建或删除目录、获取当前目录、更改默认目录和获取目录列表等。os 模块在使用之前需要导入，具体代码如下：

**小贴士：**

创建目录时如果目录已经存在，将抛出 FileExistsError。

```
import os
```

## 2. 创建目录

os 模块中的 mkdir() 函数可在当前目录下创建新的目录。新目录名以字符串形式作为函数的参数。其语法格式如下：

```
os.mkdir(path)
```

## 3. 检查目录（文件）是否存在

os.path.exists() 可判断目录或文件是否存在，存在返回 True，不存在返回 False。其语法格式如下：

```
os.path.exists(path)
```

### 活动实施

小张和他的团队使用 os 模块中的 mkdir() 函数创建目录，代码如下：

```
import os
my_dir = '录取通知书'
os.mkdir(my_dir)
print(my_dir+"目录创建成功！")
```

运行程序后，控制台提示目录创建成功。创建好的目录如图 7-8 所示。

如果再运行一次程序，结果会怎样呢？

再次运行程序后，控制台却返回了错误信息，如图 7-9 所示。

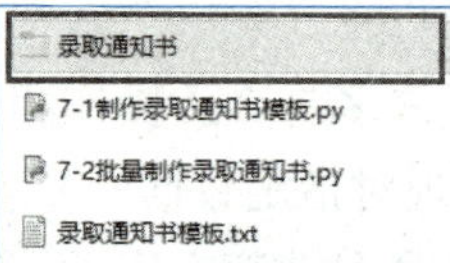


图 7-8　创建好的目录

```
Traceback (most recent call last):
  File "D:/python/项目7/7-2批量制作录取通知书.py", line 3, in <module>
    os.mkdir(my_dir)
FileExistsError: [WinError 183] 当文件已存在时，无法创建该文件。: '录取通知书'
```

图 7-9　运行结果报错

**技能提升：**

使用 input() 函数由用户输入目录名，根据用户需求创建目录。代码如下：

```
import os
my_dir = input("请输入要创建的目录名：")
if not os.path.exists(my_dir):
    os.mkdir(my_dir)
    print(my_dir + "目录创建成功！")
else:
    print(my_dir + "目录已存在！")
```

**问题诊断：**因为录取通知书目录已经存在，创建目录时如果目录已经存在，会引发 FileExistsError，提示文件存在错误。

**改进措施：**通过 os.path.exists() 判断目录是否存在。如果不存在，创建目录并提示目录创建成功；如果存在，提示目录已存在。

代码如下：

```
import os
my_dir = '录取通知书'
if not os.path.exists(my_dir):
    os.mkdir(my_dir)
    print(my_dir + "目录创建成功！")
else:
    print(my_dir + "目录已存在！")
```

再次运行程序，因为录取通知书目录已经存在，所以控制台提示“录取通知书目录已存在！”，程序并未出现异常，控制台也未返回错误信息，如图 7-10 所示。

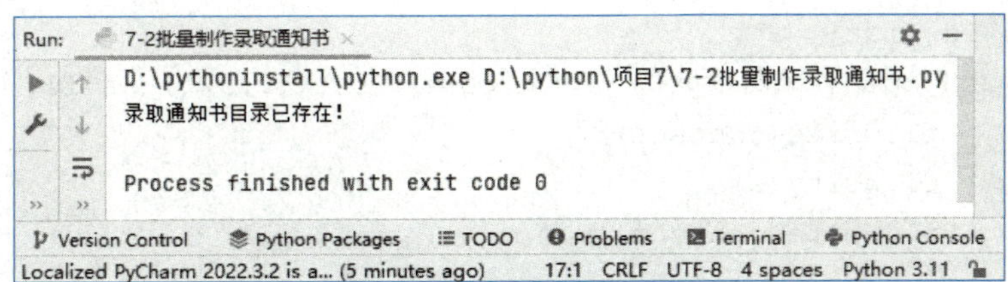


图 7-10　运行结果正常

## 活动 2　批量制作录取通知书文件

### 活动准备

#### 1. 读文件

批量制作录取通知书前，需要先从录取通知书的模板中读取文件内容。Python 中读取文件内容的方法有很多，其中常用的方法有 read()、readline() 和 readlines()。

#### 2. read() 方法

read() 方法可从指定文件中读取指定字节的数据，其语法格式如下：

```
fileobject.read([size])
```

参数说明：

■ 参数 size 用于指定从文件中读取数据的数量，若参数缺省，则一次性读取指定文件中的所有数据。

#### 3. readline() 方法

readline() 方法每次可从指定文件中读取一行数据，包括行结束符，其语法格式如下：

```
fileobject.readline([size])
```

参数说明：

■ size 是一行中要读取的字节数。默认读 1 行。

#### 4. readlines() 方法

readlines() 方法可将指定文件中的数据一次读出，并将每一行视为一个元素，存储到列表中，其语法格式如下：

```
fileobject.readlines([size])
```

参数说明：

■ size 参数：表示要从文件读取的字节数。

### 活动实施

小张和他的团队为列表中的每个录取学生创建了以“姓名 + 的录取通知书”命名的文件并保存在“录取通知书”文件夹中，代码如下：

```
list = ['张海','王泽霖','李明','赵佳','孙文','林涵','刘婷','吴强']
with open('录取通知书模板.txt') as f:
    content = f.readlines(1)
    content1 = f.read()
```

批量制作录取通知书及修改录取通知书文件格式

**视频内容：**

① 读文件。
② read() 方法。
③ readline() 方法。
④ readlines() 方法。
⑤ 批量制作录取通知书文件。
⑥ rename() 函数。
⑦ listdir() 函数。
⑧ endwith() 方法。
⑨ os.path.join() 函数。
⑩ 修改录取通知书文件格式。

**小贴士：**

文件打开后，每次调用 read( ) 方法时，程序会从上次读取位置继续向下读取数据。

**小贴士：**

read()、readline()、readlines() 三种方法通常用于遍历文件，其中 read()（参数省略时）和 readlines() 方法都可以一次读出文件中的全部数据，但这两种操作都不够安全。因为计算机的内存是有限的，若文件较大，read() 和 readlines() 的一次读取便会耗尽系统内存，这显然是不可取的。为了保证读取安全，通常采用 read([size]) 方式，多次调用 read() 方法，每次读取 size 字节的数据。

```
for i in list:
    with open('录取通知书/%s的录取通知书.txt'%i,'w') as f1:
        f1.write(content)
        f1.write(i)
        f1.write(content1)
```

运行程序，控制台返回了错误信息，提示 TypeError，如图 7-11 所示。为什么会报错呢？

```
Traceback (most recent call last):
录取通知书目录创建成功！
  File "D:/python/项目7/7-2批量制作录取通知书.py", line 14, in <module>
    f1.write(content)
TypeError: write() argument must be str, not list
```

图 7-11　运行结果报错

**问题诊断：**录取通知书模板文件中的第一行数据是使用 readlines() 方法读取的，而使用 readlines() 方法读取的数据是存储到列表（list 类型）中，而 write() 方法写入的应该是字符串类型（str 类型）的数据，类型不匹配。因此，我们需要先把列表类型的数据转换成字符串类型的数据，再写入文件，这样就不会出错了。

**改进措施：**把 list 类型的数据转换成 str 类型的数据，代码如下。

```
list = ['张海','王泽霖','李明','赵佳','孙文','林涵','刘婷','吴强']
with open('录取通知书模板.txt') as f:
    content = f.readlines(1)
    content1 = f.read()
for i in list:
    with open('录取通知书/%s的录取通知书.txt'%i,'w') as f1:
        f1.write(*content)
        f1.write(i)
        f1.write(content1)
```

**举一反三：**还有什么方法可以把 list 类型的数据转换成 str 类型的数据。

**获取资源：**

**PDF 文档内容：**list类型的数据转换成str类型数据的方法的源程序

再次运行程序，文件批量创建成功。批量创建的录取通知书文件如图 7-12 所示。

| | |
|---|---|
| 李明的录取通知书.txt | 2023-1-18 14:36 |
| 林涵的录取通知书.txt | 2023-1-18 14:36 |
| 刘婷的录取通知书.txt | 2023-1-18 14:36 |
| 孙文的录取通知书.txt | 2023-1-18 14:36 |
| 王泽霖的录取通知书.txt | 2023-1-18 14:36 |
| 吴强的录取通知书.txt | 2023-1-18 14:36 |
| 张海的录取通知书.txt | 2023-1-18 14:36 |
| 赵佳的录取通知书.txt | 2023-1-18 14:36 |

图 7-12　批量创建的录取通知书文件

至此，依据模板文件，为每位录取学生创建了录取通知书。录取通知书打开后如图 7-13 所示。

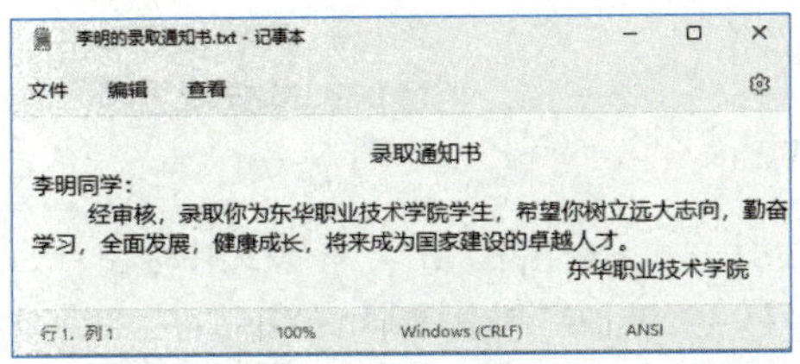


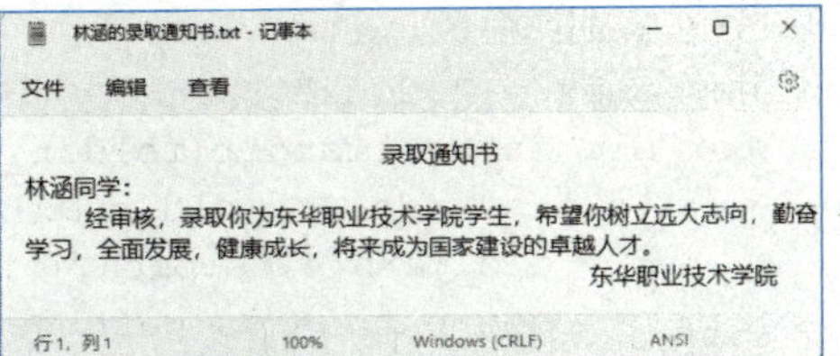


图 7-13　为每位录取学生创建录取通知书

## 活动 3　修改录取通知书文件格式

> 小贴士：
> 活动 3 视频见本任务活动 2 的视频。

### 活动准备

#### 1. rename() 函数

os 模块中的 rename() 函数可以为文件重命名，其语法格式如下：

```
os.rename(src,dst)
```

参数说明：

- src：源文件。
- dst：目标文件。

> 问题思考：
> 文件夹可以重命名吗?
>
> 问题解析：
> 对操作系统而言，文件和文件夹都是文件，因此 os.rename() 函数也可用于文件夹的重命名。

> 小贴士：
> os.rename 函数只能用于移动文件或目录的名称，不能用于移动文件或目录的位置。

> 小贴士：
> 待重命名的文件如果不存在，将抛出 FileNotFoundError。

#### 2. listdir() 函数

os 模块中的 listdir() 函数可以列表形式返回指定目录下的所有文件和子目录。其语法格式如下：

```
os.listdir(path)
```

#### 3. endswith() 方法

endswith() 方法可判断字符串是否以指定的后缀结束，其语法格式如下：

```
str.endswith(suffix[,start][,end])
```

参数说明：

- suffix：指定的后缀。

#### 4. os.path.join() 函数

os.path.join() 函数用于将多个路径组合后返回。其语法格式如下：

```
os.path.join(path1[,path2[,path3[,...[,pathN]]]])
```

#### 5. getcwd() 函数

os 模块中的 getcwd() 函数用于获取当前目录。其语法格式如下：

```
os.getcwd()
```

### 活动实施

委托方要求录取通知书保存为 Word 文档。小张和他的团队依据委托方的要求使用 rename() 函数把 txt 文件修改成了 Word 文档，代码如下：

```
import os
folder_path = os.getcwd() + "\录取通知书"          # 文件夹路径
```

```
    old_suffix = ".txt"                                    # 被替换后缀名
    new_suffix = ".docx"                                   # 替换后缀名
    for file in os.listdir(folder_path):
        if file.endswith(old_suffix):
            old_path = os.path.join(folder_path,file)      # 原文件路径
            new_path = os.path.join(folder_path,file[:-len(old_suffix)]
+ new_suffix)                                              # 新文件路径
            os.rename(old_path,new_path)                   # 执行文件重命名
```

运行程序，录取通知书文件格式修改成功。文件格式修改后的结果如图 7-14 所示。

| 李明的录取通知书.docx | 2023-1-18 14:49 |
| --- | --- |
| 林涵的录取通知书.docx | 2023-1-18 14:49 |
| 刘婷的录取通知书.docx | 2023-1-18 14:49 |
| 孙文的录取通知书.docx | 2023-1-18 14:49 |
| 王泽霖的录取通知书.docx | 2023-1-18 14:49 |
| 吴强的录取通知书.docx | 2023-1-18 14:49 |
| 张海的录取通知书.docx | 2023-1-18 14:49 |
| 赵佳的录取通知书.docx | 2023-1-18 14:49 |

图 7-14　修改为 Word 格式的录取通知书文件

**举一反三：**

对文件或目录进行重命名时，如果文件或目录不存在会报错，要怎么解决？

**获取资源：**

**PDF 文档内容：** 解决不存在的文件或目录重命名时报错问题

录取通知书文件打开后的结果如图 7-15 所示。

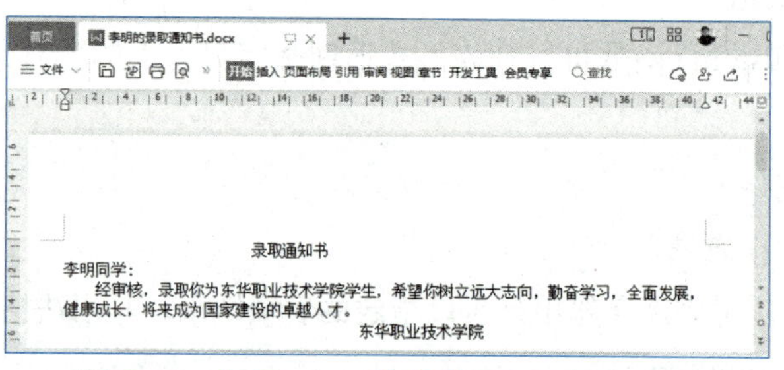


图 7-15　打开 Word 格式的录取通知书文件

删除录取通知书模板文件及录取通知书目录

**视频内容：**

① 删除文件。

② 删除录取通知书模板文件。

③ 删除目录。

④ 删除录取通知书目录及目录下的文件。

## 活动 4　删除录取通知书模板文件

### 活动准备

删除文件可以使用 os 模块中的 remove() 函数。remove() 函数用于删除指定路径的文件。其语法格式如下：

```
os.remove(path)
```

参数说明：

■ path 是要移除的文件路径。

### 活动实施

录取通知书文件批量制作完成并印制后，小张和他的团队删除了“录取通知书模板”文件。代码如下：

```
import os
os.remove('录取通知书模板.txt')
```

**素养园地：**

remove() 函数是从硬盘中彻底删除文件，一旦删除，无法轻松恢复，因此使用时应特别谨慎。

```
print("文件删除完毕")
```

运行程序，控制台会显示“文件删除完毕”。检查程序运行结果，“录取通知书模板”文件删除成功。删除前后对比如图 7-16 所示。

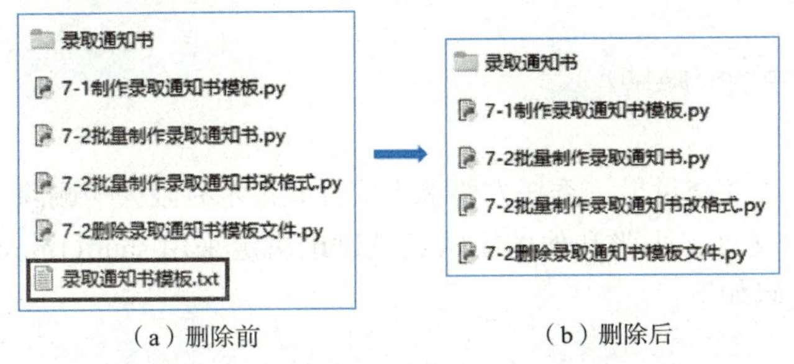


（a）删除前　　（b）删除后

图 7-16　录取通知书模板文件删除前后对比

如果再运行一次程序，结果会怎样呢？

再次运行程序，控制台却返回了错误信息，如图 7-17 所示。

```
Traceback (most recent call last):
  File "D:/python/项目7/7-2删除录取通知书模板文件.py", line 2, in <module>
    os.remove('录取通知书模板.txt')
FileNotFoundError: [WinError 2] 系统找不到指定的文件。: '录取通知书模板.txt'
```

图 7-17　运行结果报错

**问题诊断：** 删除文件时如果文件不存在会报错。

**改进措施：** 可以使用 try…except 语句避免出现 FileNotFoundError 等异常。如果要删除的文件存在，删除该文件，提示文件删除完毕。如果要删除的文件不存在，提示文件不存在。如果要删除的是目录，提示目录不能删除。

代码如下：

```
import os
try:
    os.remove("录取通知书模板.txt")
    print("文件删除完毕")
except FileNotFoundError:
    print("文件不存在")
except OSError:
    print("目录不能被删除")
```

再次运行程序，如果要删除的文件存在，则删除该文件，控制台会提示“文件删除完毕”。如果要删除的文件不存在，控制台会提示“文件不存在”。如果要删除的是目录，控制台会提示“目录不能删除”。

## 活动 5　删除录取通知书目录

### 活动准备

#### 1. rmdir() 函数

os 模块中的 rmdir() 函数可以删除指定目录。其语法格式如下：

**小贴士：** 待删除的文件如果不存在，将抛出 FileNotFoundError。如果指定的路径是一个目录，将抛出 OSError。

**举一反三：** 该程序还可以怎样写？

**获取资源：**

PDF文档：源程序

**小贴士：** 活动 5 视频见本任务活动 4 的视频。

**素养园地：** rmdir() 函数是从硬盘中彻底删除目录，一旦删除，无法轻松恢复，因此使用时应特别谨慎。

```
os.rmdir(path)
```

2. shutil.rmtree() 函数

shutil 模块中的 rmtree() 函数能够递归删除目录下的目录及文件。其语法格式如下：

```
shutil.rmtree(path)
```

### 活动实施

整个项目完成并交付后，委托方要求华信智能技术有限公司删除“录取通知书”目录及目录下的文件，小张和他的团队经过讨论决定采用 shutil.rmtree() 方法完成委托方的要求，代码如下：

```
import shutil
dir_path = '录取通知书'
try:
    shutil.rmtree(dir_path)
    print("%s目录删除完毕"%dir_path)
except FileNotFoundError:
    print("目录不存在")
```

小贴士：

shutil 模块是 Python 的一个标准库，提供了复制、移动、删除、压缩、解压等操作。shutil 模块在使用之前需要导入。

小贴士：

待删除的目录如果不存在，将抛出 FileNotFoundError。

待删除的目录如果非空，将抛出 OSError。

素养园地：

不泄露客户文件信息，保护客户合法权益。

举一反三：

尝试用 rmdir() 函数实现此活动。

扫描下方二维码获取用 rmdir() 函数删除录取通知书目录的源程序。

PDF 文档内容：源程序

## 任务评价

请教师和学生填写表 7-3，对任务实施情况进行评价、反思并提出改进措施。

表 7-3 职业能力评价、反思和改进

| 任务名称： | | | | | | | |
|---|---|---|---|---|---|---|---|
| 班级 | | 小组 | | 姓名 | 日期 | 年 月 日 | |
| 职业能力评价 | 能 力 | | | | 自评 | 组内互评 | 教师评 |
| | 自我管理能力（20 分） | 1. 出勤情况。<br>2. 遵守纪律情况。<br>3. 任务完成情况，有无提问记录。<br>4. 主动参与活动情况 | | | | | |
| | 合作交流能力（10 分） | 1. 能够使用文明礼貌用语，有效地沟通。<br>2. 能够与组员主动交流，积极合作 | | | | | |
| | 解决问题能力（10 分） | 1. 能够有效获取和使用信息资源。<br>2. 能够客观分析任务，发现并解决问题 | | | | | |
| | 任务创新能力（10 分） | 1. 能够提出有价值的观点和建议。<br>2. 能够举一反三，运用不同的方法完成任务 | | | | | |

续表

<table>
<tr><td rowspan="4">职业能力评价</td><td>综合能力（50 分）</td><td>1. 任务结果完整，并按要求命名和存放。<br>2. 能够很好理解任务的相关知识点，熟练完成任务操作。<br>3. 能有效地参与任务评价</td><td></td><td></td><td></td></tr>
<tr><td colspan="2">合 计 得 分</td><td></td><td></td><td></td></tr>
<tr><td colspan="2">总 评 得 分</td><td colspan="3"></td></tr>
<tr><td colspan="5">注：总评得分 = 自评合计得分 × 20% + 组内互评合计得分 × 20% + 教师评合计得分 × 60%</td></tr>
<tr><td rowspan="3">反思与改进</td><td colspan="5">1. 你认为本任务最有价值的内容是：</td></tr>
<tr><td colspan="5">2. 下列问题需要进一步了解或得到帮助：</td></tr>
<tr><td colspan="5">3. 为使学习更有效，你对本任务教学的建议是：</td></tr>
</table>

## 拓展任务　从 CSV 文件中读取录取学生名单

### 任务描述

小张和他的团队发现，在批量制作录取通知书任务中，录取学生的名单是存放在列表中的，而列表是通过人工输入实现的，这无形中增加了出错的概率，虽然可以通过校对来避免此问题，但风险依然无法避免。同时当数据量较大时，输入和校对都会影响工作效率。他们把这个情况反馈给了王经理。

从CSV文件中读取录取学生名单

**视频内容：**

① 基于维度的数据分类。

② 一二维数据的存储。

③ CSV 文件。

④ 从 CSV 文件中读取录取学生名单。

### 任务分析

王经理建议小张和他的团队可以先了解数据。只有了解了数据的存储规则才能更好地实现数据的读取。最终小张和他的团队通过学习与实践完成了任务，并在实践中感受到了掌握方法提升工作效率的重要性。

### 任务目标与重难点

| 任务目标 | 从 CSV 文件中读取录取学生名单 |
| --- | --- |
| 任务重点和难点 | 一、二维数据的概念，一、二维数据的存储与表示，一、二维数据的读取（重点） |
| | 一、二维数据的读取（难点） |

### 任务准备

**1. 基于维度的数据分类**

根据组织数据时与数据有联系的参数的数量，数据可分为一维数据、二维数据和多维数据。

（1）一维数据

一维数据由对等关系的有序或者无序数据构成，采用线性方式组织，对应数学中的数组和集合等概念。在 Python 语法中，一维列表、一维元组和集合都是一维数据。

（2）二维数据

二维数据是由多条一维数据构成的，是一维数据的组合形式，对应数学中的矩阵和二维数组。在 Python 语法中，二维列表、二维元组等都是二维数据。表格是典型的二维数据，因此二维数据也称表格数据。

（3）多维数据

多维数据是由一维或二维数据在新维度上扩展形成。多维数据仅利用最基本的二元关系展示数据间的复杂结构，通常用 Python 中的键值对数据结构存储表示。

### 2. 一、二维数据的存储

数据通常存储在文件中。为了方便后续的读写操作，数据通常需要按照约定的组织方式进行存储。

一维数据呈线性排列，一般用特殊字符分隔，具体示例如下：

① 使用空格分隔：成都 杭州 重庆 武汉 苏州 西安 天津。

② 使用逗号分隔：成都 , 杭州 , 重庆 , 武汉 , 苏州 , 西安 , 天津。

③ 使用 & 分隔：成都 & 杭州 & 重庆 & 武汉 & 苏州 & 西安 & 天津。

在存储一维数据时可使用不同的特殊字符分隔数据元素，但有几点需要注意：

① 同一文件或同组文件一般使用同一分隔符分隔。

② 分隔数据的分隔符不应出现在数据中。

③ 分隔符为英文半角符号，一般不使用中文符号作为分隔符。

二维数据可视为多条一维数据的集合，当二维数据只有一个元素时，这个二维数据就是一维数据。

### 3. CSV 文件

CSV（comma-separated values，逗号分隔值）格式为国际上通用的一二维数据存储格式。CSV 文件以纯文本形式存储表格数据，文件的每一行对应表格中的一条数据记录，每条记录由一个或多个字段组成，字段之间用逗号（英文、半角）分隔。因为字段之间可能使用除逗号外的其他分隔符，所以 CSV 也称为字符分隔值。

CSV 广泛应用于不同体系结构下网络应用程序之间表格信息的交换之中，它本身并无明确格式标准，具体标准一般由传输双方协商决定。

## 任务实施

小张和他的团队拿到委托方的“录取学生名单 .csv”文件，如图 7-18 所示。

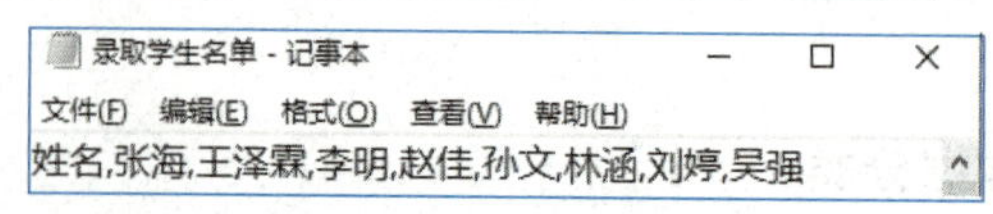


图 7-18 录取学生名单

从“录取学生名单 .csv”文件中读取一维数据，代码如下：

```
with open("录取学生名单.csv") as f1:
    list = f1.read().strip("\n").split(",")
print(list)
with open('录取通知书模板.txt') as f:
    content = f.readlines(1)
    content1 = f.read()
for i in list[1:]:
    with open('录取通知书/%s的录取通知书.txt'%i,'w') as f1:
        f1.write(*content)
        f1.write(i)
        f1.write(content1)
```

文件批量创建成功，创建结果与前述方法一致。控制台的运行结果如下：

```
['姓名', '张海', '王泽霖', '李明', '赵佳', '孙文', '林涵', '刘婷', '吴强']
```

**小贴士：** 在使用录取通知书名单列表进行遍历生成每个同学的录取通知书文件时，需要注意不要包含第一个列表元素。

## 任务评价

请教师和学生填写表 7-4，对任务实施情况进行评价、反思并提出改进措施。

表 7-4　职业能力评价、反思和改进

| 任务名称： | | | | | | | | |
|---|---|---|---|---|---|---|---|---|
| 班级 | | 小组 | | 姓名 | | 日期 | 年　月　日 | |
| 职业能力评价 | 能　力 | | | | | 自评 | 组内互评 | 教师评 |
| | 自我管理能力（20 分） | 1. 出勤情况。<br>2. 遵守纪律情况。<br>3. 任务完成情况，有无提问记录。<br>4. 主动参与活动情况 | | | | | | |
| | 合作交流能力（10 分） | 1. 能够使用文明礼貌用语，有效地沟通。<br>2. 能够与组员主动交流，积极合作 | | | | | | |
| | 解决问题能力（10 分） | 1. 能够有效获取和使用信息资源。<br>2. 能够客观分析任务，发现并解决问题 | | | | | | |
| | 任务创新能力（10 分） | 1. 能够提出有价值的观点和建议。<br>2. 能够举一反三，运用不同的方法完成任务 | | | | | | |
| | 综合能力（50 分） | 1. 任务结果完整，并按要求命名和存放。<br>2. 能够很好理解任务的相关知识点，熟练完成任务操作。<br>3. 能有效地参与任务评价 | | | | | | |
| | 合 计 得 分 | | | | | | | |
| | 总 评 得 分 | | | | | | | |
| | 注：总评得分 = 自评合计得分 × 20% + 组内互评合计得分 × 20% + 教师评合计得分 × 60% | | | | | | | |

续表

<table>
<tr><td rowspan="3">反思与改进</td><td>1. 你认为本任务最有价值的内容是：</td></tr>
<tr><td>2. 下列问题需要进一步了解或得到帮助：</td></tr>
<tr><td>3. 为使学习更有效，你对本任务教学的建议是：</td></tr>
</table>

知识点延伸：

PDF 文档内容：中文分词模块——jieba

## 素养提升　释放创新动能，引领新质生产力发展

王经理在带领小张及其团队完成任务的同时，也不断引导他们举一反三，培养他们的创新能力。王经理告诉他们，使用 Python 语言不仅可以读取 CSV 文件中的数据，也可以读文本文件，并且还可以使用 jieba 模块进行中文分词，统计不同词语在文章中出现的次数。为了让大家更深入地了解创新的重要性，王经理向他们推荐了一篇文章，并要求他们统计文章中出现频率最高的 10 个词语。

小张和他的团队成员阅读了"释放创新动能引领新质生产力发展 .txt"文件，并统计了文章中出现频率最高的 10 个词语。代码如下：

```
import jieba
with open("释放创新动能引领新质生产力发展.txt","rb") as f1:
    txt = f1.read()
    print(txt)
    jieba.add_word("新质生产力")
    words = jieba.lcut(txt)
counts = {}
for word in words:
    if len(word) == 1:
        continue
    elif word == "\r\n":
        del word
    else:
        counts[word] = counts.get(word,0) + 1
items = list(counts.items())
items.sort(key = lambda x:x[1],reverse=True)
for i in range(10):
    word,count = items[i]
    print(F"{word}一词出现{count}次")
```

程序运行结果如下：

```
发展一词出现36次
科技一词出现32次
创新一词出现24次
新质生产力一词出现21次
产业一词出现20次
加快一词出现13次
自立自强一词出现12次
推动一词出现10次
高质量一词出现10次
动能一词出现9次
```

**素养园地：**

释放创新动能，引领新质生产力发展。创新是一个民族进步的灵魂，是一个国家兴旺发达的不竭动力，也是一个现代人应该具备的素质。只有具有创新精神，我们才能在未来的发展中不断开辟新的天地。

## 项目总结

本项目首先通过课前任务微视频讲解了什么是文件、文件标识和文件的类型，之后介绍了文件的操作方法和 os 模块的使用方法等内容。通过本项目的学习，希望大家能够掌握对文件打开、关闭和读写等操作，能管理文件和目录，并能解决实际问题。

## 巩固与应用

### 1. 单选题

① 下列关于文件操作的说法，错误的是（　　）。

A. os 模块中的 mkdir() 函数可创建目录

B. shutil 模块中 rmtree() 函数可删除目录

C. os 模块中的 getcwd() 函数获取的是相对路径

D. rename() 函数可修改文件名

②下列关于文件读取的说法，错误的是（　　）。

A. read() 方法可以一次读取文件中所有的内容

B. readline() 方法一次只能读取一行内容

C. readlines() 以元组形式返回读取的数据

D. readlines() 一次可以读取文件中所有内容

③ 以下选项中不是 Python 文件读操作方法的是（　　）。

A. readline　　B. readall　　C. readtextq　　D. read

④ 以下关于 Python 文件打开模式的描述中，错误的是（　　）。

A. 只读模式 r　　B. 追加写模式 a

C. 覆盖写模式 w　　D. 创建写模式 n

⑤ 下面关于 jieba 库的描述中错误的是（　　）。

A. jieba 库是一个中文分词工具

B. jieba 库利用的是基于概率的分词方法

C. jieba 库提供增加自定义中文单词的功能

请使用微信“扫一扫”
扫码进行课后小测

D. jieba 库的分词模式分为模糊模式、精确模式、全模式和搜索引擎模式

⑥ jieba 库的函数 jieba.lcut() 返回值的类型是（　　）。

A. 列表　　B. 迭代器　　C. 字符串　　D. 元组

⑦ 以下关于文件的描述，错误的是（　　）。

A. 二进制文件和文本文件的操作步骤都是“打开→操作→关闭”

B. open() 函数打开文件之后，文件的内容并没有在内存中

C. open() 函数只能打开一个已经存在的文件

D. 文件读写之后，需要调用 close() 函数才能确保文件被保存在磁盘中

⑧ 以下关于 CSV 文件的描述，错误的是（　　）。

A. CSV 文件可用于不同工具间进行数据交换

B. CSV 文件格式是一种通用的，相对简单的文件格式，应用于程序之间转移表格数据。

C. CSV 文件通过多种编码表示字符

D. CSV 文件的每一行是一维数据，可以使用 Python 中的列表类型表示

⑨ 以下关于 Python 文件的描述，错误的是（　　）。

A. open() 函数的参数处理模式表示以二进制数据处理文件

B. open() 函数的参数处理模式“+”表示可以对文件进行读和写操作

C. readline() 函数表示读取文件的下一行，返回一个字符串

D. open() 函数的参数处理模式“a”表示追加方式打开文件，删除已有内容

⑩ Python 文件只读打开模式是（　　）。

A. w　　B. x　　C. b　　D. r

## 2. 判断题

① open() 函数用于建立文件对象，建立文件与内存缓冲区的联系，可以用于文本文件和二进制文件，文件的打开模式是指只读、读写、添加、修改等。（　　）

② 文件对象的方法 close() 用于关闭文件，在实际操作中，不这样做，程序运行也正常，这说明有无文件关闭操作都可行。（　　）

③ 扩展库 os 中的方法 remove() 可以删除带有只读属性的文件。（　　）

④ Python 标准库 os 中的方法 exists() 可以用来测试给定路径的文件是否存在。（　　）

⑤ Python 标准库 os 中的方法 listdir() 返回包含指定路径中所有文件和文件夹名称的列表。（　　）

⑥ 标准库 os 的 listdir() 方法默认只能列出指定文件夹中当前层级的文件和文件夹列表，而不能列出其子文件夹中的文件。（　　）

# 项目 8

# 获取豆瓣读书 TOP250 网站信息

## 项目综述

### 项目导读

东华职业技术学院为了鼓励师生阅读，拟购买一批图书。目前市场上的图书鱼龙混杂，为了确保图书质量，学院委托华信智能技术有限公司进行调研。公司王经理将这项任务交给了小张和他的团队。小张和他的团队向学校师生发放了调查问卷，但获得的有效信息并不理想。王经理提醒他们如今已经进入了大数据时代，能否使用网上的信息进行数据获取？小张和他的团队经过调研发现豆瓣读书 TOP250 是由豆瓣评选的 250 本最受用户喜爱的图书，根据每本图书看过的人数以及该图书所得的评价等综合数据，通过算法分析产生，真实代表了大多数人的喜好，是豆瓣在中文图书目录信息中很有影响力的榜单。于是他们将豆瓣读书 TOP250 的信息保存下来，方便今后对保存下来的信息进行分析，最终高效高质地完成了任务，受到了客户的好评。

项目导读

### 项目目标

| 知识目标 | 能力目标 | 素质目标 |
|---|---|---|
| ◎了解网络爬虫的概念及分类；<br>◎熟悉网络爬虫爬取网页的流程；<br>◎掌握爬取网页的过程；<br>◎掌握解析网页的过程；<br>◎掌握将数据存储成文件的方法 | ◎能使用 requests 爬取网页，并解决爬取过程中存在的问题；<br>◎能使用 BeautifulSoup4 解析网页数据；<br>◎能使用文件存储数据 | ◎培养学生分析问题，解决实际问题的能力；<br>◎培养学生团队合作的能力；<br>◎培养学生严谨细致的工作态度；<br>◎培养学生的协作、宽容和探索精神 |

## 项目导图

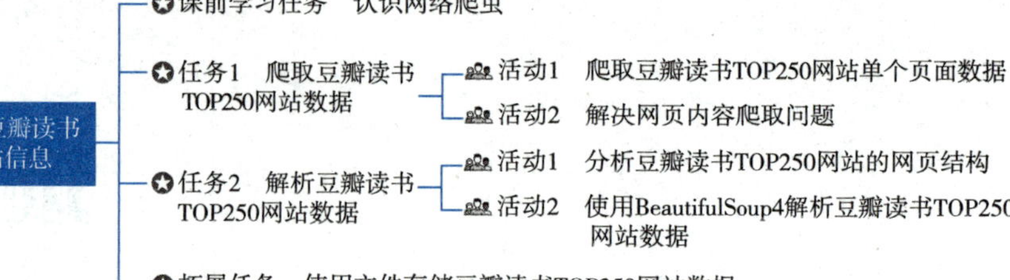


## 课前学习任务

认识网络爬虫

**视频内容：**

① 网络爬虫产生的背景。

②网络爬虫?

③网络爬虫的分类。

④ 网络爬虫爬取网页的流程。

请使用微信“扫一扫”扫码答题

扫一扫侧边二维码观看课前学习视频，并完成下面的题目。

### 1. 单选题

①下列不属于网络爬虫工作流程的是（　　）。

A. 发送请求　B. 获取响应内容　C. 解析并保存　D. 搜索文档

②（　　）来源的数据一般是公开、免费的。

A. 政府机构　B. 数据公司　C. 企业自身　D. 数据交易

③关于网络爬虫的定义，以下选项中，正确的是（　　）。

A. 网络爬虫是一种无既定规制，自动请求互联网网站并提取网络数据的程序或脚本

B. 网络爬虫是一种按照一定的规制，被动请求互联网网站并提取网络数据的程序或脚本

C. 网络爬虫是一种按照一定的规制，自动请求互联网网站并提取网络数据的程序或脚本

D. 网络爬虫是一种无既定规制，被动请求互联网网站并提取网络数据的程序或脚本

④以下选项中，（　　）是网络爬虫的英文正确表述。

A. Web Crawler　B. Web Insects　C. Data Crawler　D. Network Insects

⑤爬虫的目的在于将目标（　　）下载至本地，以便进行后续的数据分析。

A. 网页数据　B. 文档数据　C. 流式数据　D. 日志数据

⑥（　　）网络爬虫是指对已下载网页采取增量式更新和只爬行新产生的或者已经发生变化的网页的爬虫。

A. 增量式　B. 聚焦　C. 普通　D. 日志

### 2. 多选题

①爬虫技术可服务于（　　）行业。

A. 金融　B. 销售　C. 服务　D. 计算机

②爬虫爬取数据的目的包括（　　）。

A. 公司业务部门及其他部门所需数据
B. 公司项目测试数据
C. 数据分析
D. 数据挖掘

③ 爬虫的工作流程包括（　　）。

A. 发送请求　　B. 获取响应内容
C. 解析内容　　D. 保存内容

### 3. 判断题

① 网络爬虫不可以个性化定制。（　　）
② 网络爬虫又可称为网络蜘蛛（Spider）。（　　）
③ 网络爬虫是一种按照一定规则自动抓取互联网信息的程序或者脚本。（　　）

# 任务 1　爬取豆瓣读书 TOP250 网站数据

## 任务综述

### 任务描述

小张和他的团队发现，要手动将 250 本书的书名、作者、出版社、出版时间、价格、评分、评价人数和评论等数据保存下来效率低，且容易出错。有没有准确高效的方法可以解决这一问题呢？

### 任务分析

王经理建议他们可以先了解一下 Python 的 requests 模块。

### 任务目标与重难点

| 任务目标 | 爬取豆瓣读书 TOP250 网站数据 |
|---|---|
| 任务重点和难点 | requests 模块、requests 模块的请求函数（重点） |
| | Response 类的常用属性（难点） |

爬取豆瓣读书TOP250网站单个页面数据并解决网页内容爬取问题

**视频内容 1:**
① requests 模块。
② 使用 requests 模块爬取网页。
③ 使用 requests 模块爬取百度网站首页。
④ 爬取豆瓣读书 TOP250 网站单个页面数据。

## 活动 1　爬取豆瓣读书 TOP250 网站单个页面数据

### 活动准备

#### 1. requests 模块

requests 是一个用于爬取网页信息的第三方模块，可以方便地向网站发送 HTTP 请求，并获取响应结果。

#### 2. 使用 requests 模块爬取网页

（1）发送请求

requests 模块提供了很多发送 HTTP 请求的函数。常用的请求函数见表 8-1。

**小贴士：**
requests 模块在使用之前要先安装。
要使用 requests 模块发送请求前首先应该确定发起请求的 HTTP 方式。

**表 8-1　requests 模块常用的请求函数**

| 函　数 | 说　明 |
| --- | --- |
| requests.request() | 构造一个请求，支撑以下 get()、post() 等方法的基础方法 |
| requests.get() | 获取 HTML 网页的主要方法，对应于 HTTP 的 GET 请求方式 |
| requests.post() | 向 HTML 网页提交 POST 请求的方法，对应于 HTTP 的 POST 请求方式 |

#### （2）获取响应

requests 模块提供的 Response 类对象用于动态地响应客户端的请求，控制发送给用户的信息，并动态地生成响应，包括状态码、网页的内容等。Response 类的常用属性见表 8-2。

**表 8-2　Response 类的常用属性**

| 属　性 | 说　明 |
| --- | --- |
| status_code | HTTP 请求的返回状态，值为 200 表示连接成功，值为 404 表示连接失败 |
| text | HTTP 响应内容的字符串形式，即 URL 对应的页面内容 |
| encoding | 从 HTTP 请求头中猜测的响应内容编码方式 |
| apparent_encoding | 从内容中分析出的响应编码的方式（备选编码方式） |
| content | HTTP 响应内容的二进制形式 |

使用 requests 模块爬取百度网站首页，程序代码如下：

```
import requests                                # 导入requests模块
url = "https://www.baidu.com"
res = requests.get(url)                        # 发送GET请求，爬取百度网站首页
print(F"响应状态码：{res.status_code}")          # 获取响应状态码
print(F"编码方式：{res.encoding}")               # 获取响应内容的编码方式
print(F"响应内容：{res.text}")                   # 获取响应内容
```

运行程序，结果如下：

```
响应状态码：200
编码方式：ISO-8859-1
响应内容：<!DOCTYPE html>
<!--STATUS OK--><html> <head><meta http-equiv=content-type content=
text/html;charset=utf-8><meta http-equiv=X-UA-Compatible content=IE=
Edge><meta content=always name=referrer><link rel=stylesheet type=text/
css href=https://ss1.bdstatic.com/5eN1bjq8AAUYm2zgoY3K/r/www/cache/bdorz/
baidu.min.css><title>ç™¾åº¦ä¸€ä¸‹ï¼Œä½ å°±çŸ¥é "</title></head> <body
link=#0000cc> …省略N行… </body> </html>
```

在程序运行结果中响应状态码为 200，表示服务器已成功处理了请求，但在响应内容中的中文内容是乱码，如图 8-1 所示。

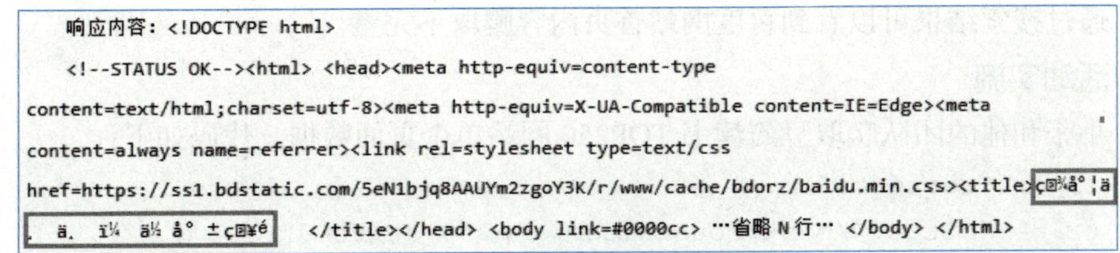

```
响应内容：<!DOCTYPE html>
<!--STATUS OK--><html> <head><meta http-equiv=content-type
content=text/html;charset=utf-8><meta http-equiv=X-UA-Compatible content=IE=Edge><meta
content=always name=referrer><link rel=stylesheet type=text/css
href=https://ss1.bdstatic.com/5eN1bjq8AAUYm2zgoY3K/r/www/cache/bdorz/baidu.min.css><title>ç¾åº¦ä
ä¸ï¼ä½ å°±çŸ¥é</title></head> <body link=#0000cc> …省略 N 行… </body> </html>
```

图 8-1　响应内容中的中文乱码

**问题诊断：** 造成中文乱码的原因是获取内容的编码方式和实际编码方式不匹配。在此程序中获取响应内容的编码方式是 ISO-8859-1，而 Web 上常用的中文编码方式有 UTF-8、GB2312 等。

**改进措施：** 对获取到的内容进行编码转换。在获取响应内容代码前添加一行代码。

```
res.encoding = "utf-8"
```

修改程序后运行结果如图 8-2 所示。

```
响应内容：<!DOCTYPE html>
<!--STATUS OK--><html> <head><meta http-equiv=content-type
content=text/html;charset=utf-8><meta http-equiv=X-UA-Compatible content=IE=Edge><meta
content=always name=referrer><link rel=stylesheet type=text/css
href=https://ss1.bdstatic.com/5eN1bjq8AAUYm2zgoY3K/r/www/cache/bdorz/baidu.min.css><title>百度一
下，你就知道</title></head> <body link=#0000cc> …省略 N 行… </body> </html>
```

图 8-2　编码转换后中文可正常显示

那么，图 8-3 所示的百度网站首页内容是否爬取完整了呢？

图 8-3　百度网站首页

在 PyCharm 的控制台使用【Ctrl+F】快捷键打开搜索栏。在搜索框中输入百度首页中的文字内容并查看搜索结果，如图 8-4 所示。

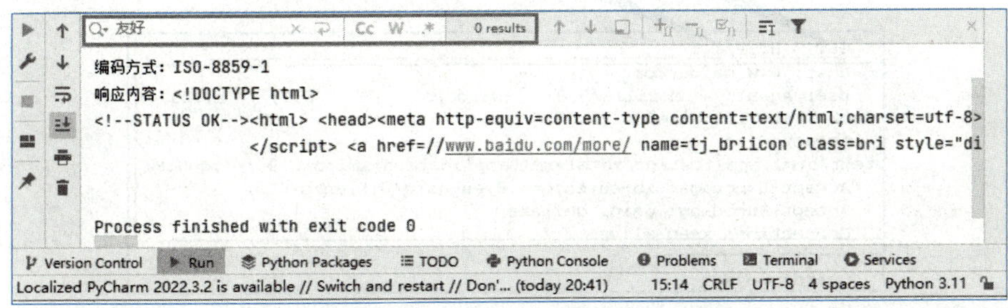


图 8-4　未搜索到百度首页文字内容

通过搜索结果可以看到百度网站首页内容爬取不完整。

## 活动实施

小张和他的团队爬取豆瓣读书 TOP250 网站单个页面数据，代码如下：

```
import requests
url = "https://book.douban.com/top250?start=0"
res = requests.get(url)
print(F"响应状态码：{res.status_code}")
print(F"响应内容：{res.text}")
```

运行程序，结果如下：

```
响应状态码：418
响应内容：
```

**小贴士：**

服务器不返回数据，响应内容为空。

**问题思考：**

为什么响应状态码会返回 418？ 418 是什么？

**问题解析：**

HTTP 状态码 418 是一个非标准的 HTTP 状态码，被定义为 "I'm a teapot"（我是一个茶壶）。这个状态码源自 1998 年的一个愚人节笑话，被写入了 RFC 2324，Hyper Text Coffee Pot Control Protocol（超文本咖啡壶控制协议）。

在实际 Web 开发中，有些网站会使用这个状态码作为反爬虫策略的一部分。当服务器返回 418 状态码时，可能是因为服务器认为这是一个爬虫的请求，而不是一个正常的用户请求。

# 活动 2　解决网页内容爬取问题

## 活动准备

### 1. 网页内容爬取不完整或未获取响应内容的原因

网页内容爬取不完整或未获取响应内容是因为网站反爬虫策略导致的。有些网站为了防止被爬虫爬取数据而采用了一些反爬虫策略，比如设置验证码、限制 IP 访问频率等。如果要完整爬取网页内容可以通过修改请求头信息、添加代理 IP、延长请求间隔时间等方式绕过反爬虫策略。

爬取豆瓣读书 TOP250网站单个页面数据并解决网页内容爬取问题

**视频内容 2：**

① 网页内容爬取不完整或未获取响应内容的原因。

② HTTP 消息格式。

③ 解决网页内容爬取不完整问题。

④ 解决爬取豆瓣读书 TOP250 网站单个页面数据不完整问题。

### 2. HTTP 消息格式

浏览网页的过程中，浏览器会向服务器发起 HTTP 请求，也会接收服务器返回的 HTTP 响应。HTTP 是网络中用于传输 HTML 等超文本的应用层协议，它规定了 HTTP 请求消息与 HTTP 响应消息的格式。

（1）请求消息

请求消息的格式由请求行、请求头、空行和请求参数四部分组成，如图 8-5 所示。

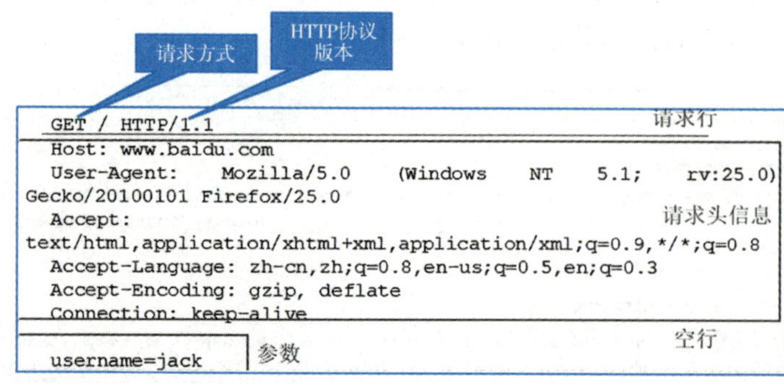


图 8-5　请求消息的格式

（2）响应消息

响应消息格式由状态行、响应报头、空行和响应正文组成，如图 8-6 所示。

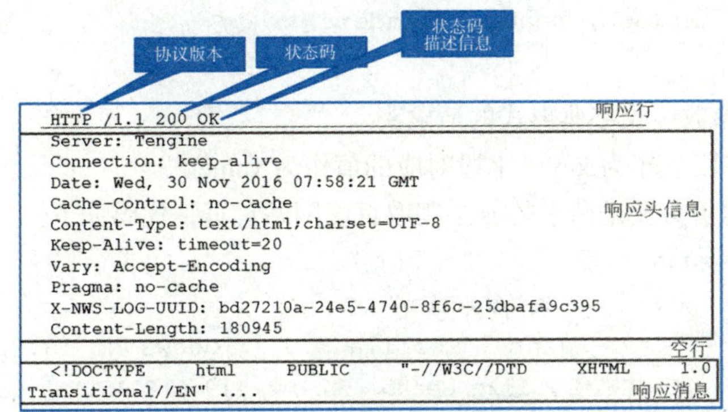


图 8-6　响应消息格式

使用 request.headers 打印爬取百度网站首页时的请求头信息，代码如下：

```
import requests
url = "https://www.baidu.com"
res = requests.get(url)                    # 发送GET请求
print(res.request.headers)
```

运行程序，结果如下：

```
{'User-Agent': 'python-requests/2.30.0', 'Accept-Encoding': 'gzip, deflate', 'Accept': '*/*', 'Connection': 'keep-alive'}
```

通过浏览器正常访问百度网站首页的请求头信息如图 8-7 所示。

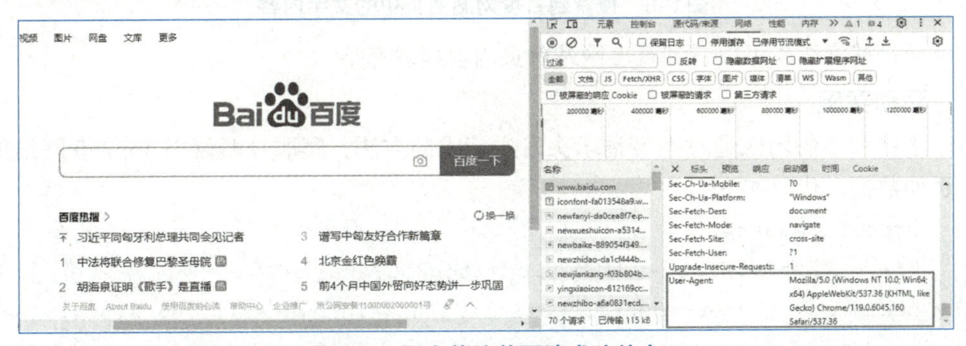


图 8-7　百度首站首页请求头信息

服务器是通过查看 headers 中的 User-Agent 来判断服务器访问者是通过什么工具发送请求的。在 Python 中，如果不设置 User-Agent，程序将使用默认的参数，所以通过 Python 程序爬取百度网页时请求头信息的“User-Agent”显示的是“python-requests/2.30.0”。此时服务器会认为这是一个爬虫而非真实的浏览器访问，因此返回了不完整的网页内容。

### 3. 解决网页内容爬取不完整问题

Python 允许用户修改 User-Agent 来模拟浏览器访问（可在开发者工具中找到

**小贴士：**

请求头信息由键值对组成，用冒号分隔。请求头信息用于通知服务器有关客户端请求的信息。

典型的请求头信息有以下几种：

① User-Agent：产生请求的浏览器类型等信息，简称 UA。一般在爬虫中都会使用 UA 来伪装浏览器，避免触发网站的反爬机制。

② Accept-Encoding：客户端可接受的编码压缩格式。

③ Accept：浏览器可接受的 MIME 类型。

④ Connection：连接方式（close 或 keep-alive）。

**问题思考：**

如何找到百度网站首页的请求头信息？

**解决方案：**

① 打开百度网站首页。

② 以 Chrome 浏览器为例，按【F12】键打开浏览器的开发者工具，选择“网络”面板。

③ 在“名称”中找到百度网站的网址，若没有此内容可按【F5】键刷新一下页面，右侧即可看到“标头”信息，即百度网站首页的请求头信息。

User-Agent 并复制其值）。然后通过携带请求头发送请求的方法，解决网页爬取不完整问题，其语法格式如下：

```
requests get(urc, headers=headers)
```

说明：

■ headers 参数接收字典形式的请求头。

■ 请求头字段名作为 key，字段对应的值作为 value。

使用携带请求头发送请求的方法爬取百度网站首页，代码如下：

```
import requests
url = "https://www.baidu.com"
headers = {"User-Agent":"Mozilla/5.0 (Windows NT 10.0; Win64; x64)
AppleWebKit/537.36 (KHTML, like Gecko) Chrome/119.0.6045.160 Safari/537.36"}
res = requests.get(url,headers = headers)
print(F"响应内容：{res.text}")
```

在爬取结果中搜索百度网站首页中的文字内容，如图 8-8 所示。

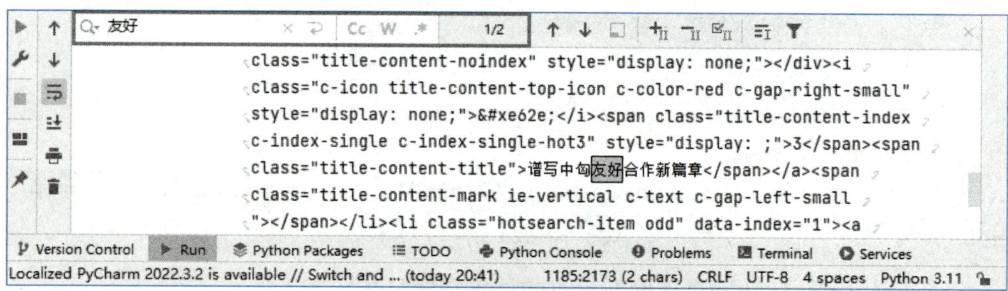

图 8-8　搜索到百度网站首页中的文字内容

通过搜索结果可以看到百度网站首页内容爬取完整。

### 活动实施

小张和他的团队通过携带请求头发送请求的方法，爬取豆瓣读书 Top250 网站单个页面数据，代码如下：

```
import requests
url = "https://book.douban.com/top250?start=0"
headers = {"User-Agent":"Mozilla/5.0 (Windows NT 10.0; Win64; x64)
AppleWebKit/537.36 (KHTML, like Gecko) Chrome/114.0.5735.289 Safari/537.36"}
res = requests.get(url,headers = headers)
print(F"响应状态码：{res.status_code}")
print(F"响应内容：{res.text}")
```

运行程序，结果如下：

```
响应状态码：200
响应内容：
<!DOCTYPE html>
<html lang="zh-cmn-Hans" class="ua-windows ua-webkit book-new-nav">
```

```
    <head>
      <meta http-equiv="Content-Type" content="text/html; charset=utf-8">
      <title>豆瓣读书 Top 250</title>…省略N行…</head><body>…省略N行…</
body></html>
```

## 任务评价

请教师和学生填写表 8-3，对任务实施情况进行评价、反思并提出改进措施。

表 8-3　职业能力评价、反思和改进

<table>
<tr><td colspan="9">任务名称：</td></tr>
<tr><td>班级</td><td></td><td>小组</td><td></td><td>姓名</td><td></td><td>日期</td><td colspan="2">年　月　日</td></tr>
<tr><td rowspan="9">职业能力评价</td><td colspan="5">能　力</td><td>自评</td><td>组内互评</td><td>教师评</td></tr>
<tr><td>自我管理能力<br>（20 分）</td><td colspan="4">1. 出勤情况。<br>2. 遵守纪律情况。<br>3. 任务完成情况，有无提问记录。<br>4. 主动参与活动情况</td><td></td><td></td><td></td></tr>
<tr><td>合作交流能力<br>（10 分）</td><td colspan="4">1. 能够使用文明礼貌用语，有效地沟通。<br>2. 能够与组员主动交流，积极合作</td><td></td><td></td><td></td></tr>
<tr><td>解决问题能力<br>（10 分）</td><td colspan="4">1. 能够有效获取和使用信息资源。<br>2. 能够客观分析任务，发现并解决问题</td><td></td><td></td><td></td></tr>
<tr><td>任务创新能力<br>（10 分）</td><td colspan="4">1. 能够提出有价值的观点和建议。<br>2. 能够举一反三，运用不同的方法完成任务</td><td></td><td></td><td></td></tr>
<tr><td>综合能力<br>（50 分）</td><td colspan="4">1. 任务结果完整，并按要求命名和存放。<br>2. 能够很好理解任务的相关知识点，熟练完成任务操作。<br>3. 能有效地参与任务评价</td><td></td><td></td><td></td></tr>
<tr><td colspan="5">合计得分</td><td></td><td></td><td></td></tr>
<tr><td colspan="5">总评得分</td><td colspan="3"></td></tr>
<tr><td colspan="8">注：总评得分 = 自评合计得分 × 20% + 组内互评合计得分 × 20% + 教师评合计得分 × 60%</td></tr>
<tr><td rowspan="3">反思与改进</td><td colspan="8">1. 你认为本任务最有价值的内容是：</td></tr>
<tr><td colspan="8">2. 下列问题需要进一步了解或得到帮助：</td></tr>
<tr><td colspan="8">3. 为使学习更有效，你对本任务教学的建议是：</td></tr>
</table>

# 任务 2　解析豆瓣读书 TOP250 网站数据

### 任务描述

小张和他的团队发现，通过 requests 模块爬取的是整个 HTML 网页的数据，但是他们只想获取书名、作者、出版社、出版时间、价格、评分、评价人数和评论等数据。那么，如何从爬取的数据中提取所需数据呢？

### 任务分析

王经理告诉他们可以使用网页解析器从网页中解析提取出有价值的数据。Python 支持一些解析技术，当然，在此之前他们还应先了解 HTML 网页内容，对网页数据结构进行分析，才能实现解析和提取 HTML 网页数据的目标。

### 任务目标与重难点

| 任务目标 | 解析豆瓣读书 TOP250 网站数据 |
|---|---|
| 任务重点和难点 | find_ all() 方法、select() 方法（重点） |
| | 使用 beautifulsoup4 解析网页数据（难点） |

## 活动 1　分析豆瓣读书 TOP250 网站的网页结构

分析豆瓣读书TOP250网站的网页结构

视频内容：
①HTML。
②分析网页结构。
③分析豆瓣读书TOP250网站的网页结构。

### 活动准备

#### 1. HTML

HTML 是用来描述网页的一种语言，它包含了文字、按钮、图片、视频等各种复杂的元素。不同类型的元素通过不同类型的标签表示。例如，图片使用 <img> 标签表示；段落使用 <p> 标签表示；布局通过 <div> 标签排列嵌套形成。

#### 2. 分析网页结构

通过“审查元素”的方法可查看目标页面的源代码，进而分析网页结构。

以百度网站首页为例，在 Chrome 浏览器中打开百度网站首页，右击弹出快捷菜单，在菜单中选择“审查元素”，如图 8-9 所示。

在“元素”选项卡中可以看到百度网站首页的源代码，如图 8-10 所示。

整个网页由各种标签嵌套组合而成。这些标签定义的节点元素互相嵌套和组合形成了复杂的层次关系，就形成了网页的结构。

通过单击“元素选择器”按钮，选择网页中的内容，可在“元素”选项卡中快速定位网页内容所对应的源代码，如图 8-11 所示。

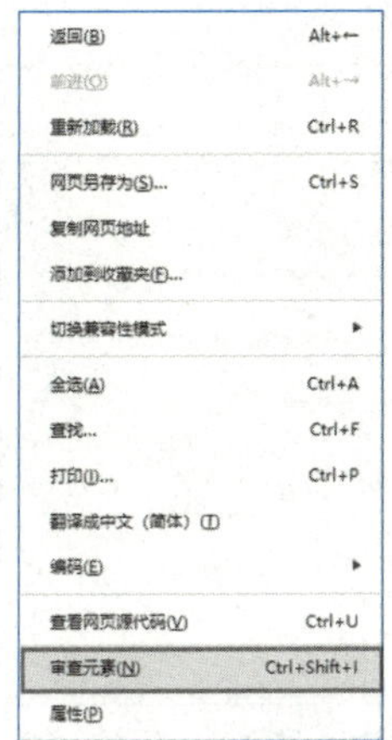


图 8-9　右键菜单

图 8-10　百度网站首页源代码（部分）

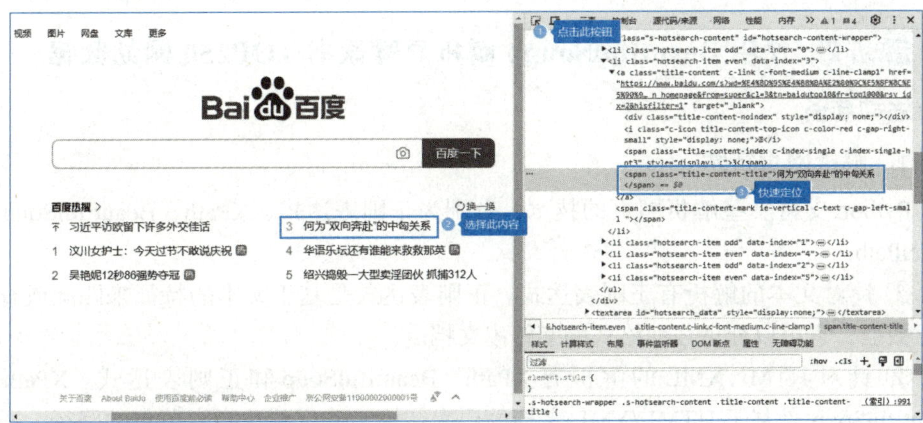


图 8-11　通过“元素选择器”按钮快速定位网页内容的源代码

## 活动实施

小张和他的团队通过查看豆瓣读书 TOP250 网站首页的源代码，发现他们想获取的每一条目标数据都放在 <table width=”100%”></table> 标签里，如图 8-12 所示。

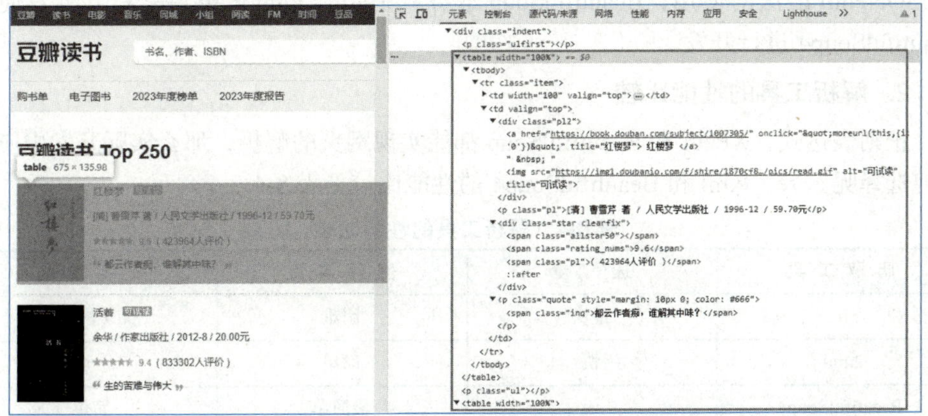

图 8-12　分析豆瓣读书 TOP250 网站页面的数据结构

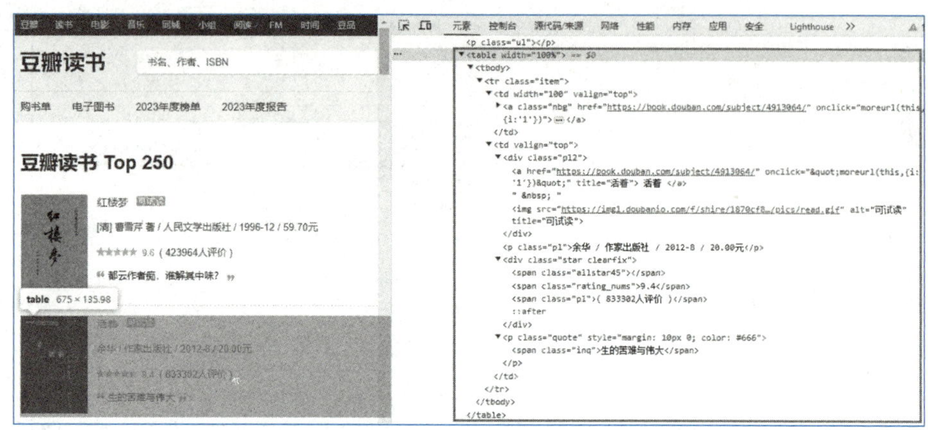


图 8-12　分析豆瓣读书 TOP250 网站页面的数据结构（续）

了解了网页结构以后就可以使用网页解析器从网页中解析提取出需要的数据了。

## 活动 2　使用 BeautifulSoup4 解析豆瓣读书 TOP250 网站数据

### 活动准备

使用Beautiful Soup4解析豆瓣读书TOP250网站数据

视频内容：
① 解析网页技术。
② 解析工具的性能比较。
③ Beautiful Soup4 库。
④ bs4 库中对象的种类。
⑤ 使用 bs4 解析网页数据的一般流程。
⑥ 常用的查找方法。
⑦ select() 方法。
⑧ 使用 bs4 解析豆瓣读书 TOP250 网页数据。

#### 1. 解析网页技术

Python 支持一些解析网页的技术，分别为正则表达式、XPath、BeautifulSoup 和 JSONPath。

① 针对文本的解析有正则表达式。正则表达式是基于文本的特征来匹配或查找指定数据，它可以处理任何格式的字符串文档。

② 针对 HTML/XML 的解析有 XPath、BeautifulSoup 和正则表达式。XPath 和 BeautifulSoup 是基于 HTML/XML 文档的层次结构来确定到达指定节点的路径，适合处理层级比较明显的数据。

③ 针对 JSON 的解析有 JSONPath。JSONPath 专门用于 JSON 文档的数据解析。

针对不同的网页解析技术，Python 分别提供支持不同技术的模块。其中，re 模块支持正则表达式语法的使用；lxml 模块支持 XPath 语法的使用；json 模块支持 JSONPath 语法的使用；BeautifulSoup 本身就是一个 Python 模块，官方推荐使用 BeautifulSoup4 进行开发。

#### 2. 解析工具的性能比较

正则表达式、XPath 和 BeautifulSoup 都能实现网页的解析，那么实际开发中应该如何选择呢？ re、lxml 和 BeautifulSoup4 的性能比较见表 8-4。

表 8-4　解析工具的性能比较

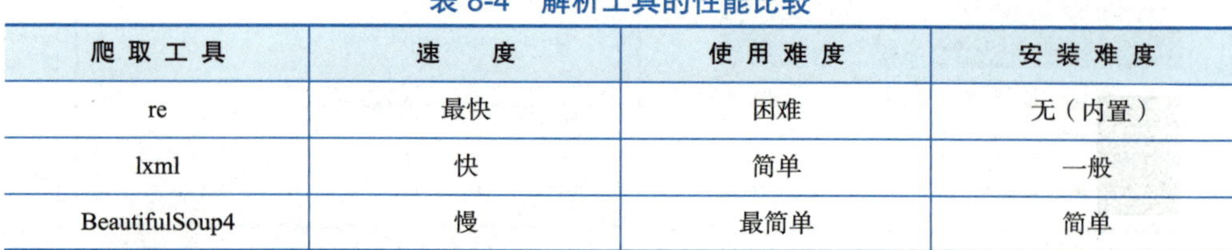

| 爬取工具 | 速　度 | 使用难度 | 安装难度 |
| --- | --- | --- | --- |
| re | 最快 | 困难 | 无（内置） |
| lxml | 快 | 简单 | 一般 |
| BeautifulSoup4 | 慢 | 最简单 | 简单 |

用户在实际开发中可根据具体情况选择合适的技术。

### 3. BeautifulSoup4 库

BeautifulSoup4 库（也称 BeautifulSoup 或 bs4）是一个用于解析和处理 HTML、XML 页面并提取数据的第三方库。

HTML 建立的 Web 页面一般比较复杂，除了有用内容之外，还包含大量用于页面格式的元素，直接解析非常复杂。BeautifulSoup4 库支持多种解析器，其优势是能够根据 HTML 和 XML 语法建立解析树，进而高效解析其中的内容，为用户提供需要的数据。

### 4. bs4 库中对象的种类

bs4 库将复杂的 HTML 文档转换成树形结构。这个结构中的每个节点都是一个 Python 对象，这些对象可以归纳为如下四种：

① Tag：HTML 中的标签。

② NavigableString：标签中的文本对象。

③ BeautifulSoup：整个 HTML 文本对象，可以作为 Tag 对象。

④ Comment：特殊的 NavigableString 对象，如果 HTML 标签中有注释，则可过滤注释符号并保留注释文本。

### 5. 使用 bs4 解析网页数据的一般流程

① 创建 BeautifulSoup 类对象。根据 HTML 或者文件创建 BeautifulSoup 类对象。

② 搜索节点。通过 BeautifulSoup 类对象的操作方法根据 DOM 树进行各种节点的搜索。如可按照节点名称、节点属性值、节点文本进行搜索。

③ 节点信息提取。利用 DOM 树结构标签的特性，进行节点信息提取。

### 6. 常用的查找方法

常用的查找方法有 find_ all() 和 find()。find_ all() 方法可以搜索出所有满足要求的节点；find() 方法只会搜索出第一个满足要求的节点，只要获得了一个节点，就可以访问节点名称、属性和文本。

其语法格式如下：

```
find_ all(name,attrs,recursive,text,**kwargs)
find(name,attrs,recursive,text,**kwargs)
```

参数说明：

- name：表示要查找的标签名。
- attrs：表示标签的属性约束，采用 josn 格式。
- recursive：表示递归。
- text：表示查找文本。
- **kwargs：表示其他键值参数。

### 7. select() 方法

在 bs4 库的 BeautifulSoup 类中提供了一个 select() 方法。该方法会将搜索到的结果放到列表中。

（1）通过标签名查找

```
soup.select('a')        # 查找所有 a 标签
soup.select('h1')       # 查找所有 h1 标签
```

（2）通过类名查找

```
soup.select('.class')
```

（3）通过 id 查找

```
soup.select('#id')
```

（4）通过子标签查找

```
soup.select('p > b')
```

（5）组合查找

```
soup.select('div .class1')
```

（6）属性查找

```
soup.select('[attr]')             # 查找所有具有 attr 属性的元素
soup.select('[attr=value]')       # 查找所有 attr 属性值为 "value" 的元素
soup.select('[attr^=value]')      # 查找所有 attr 属性值以 "value" 开头的元素
soup.select('[attr$=value]')      # 查找所有 attr 属性值以 "value" 结尾的元素
soup.select('[attr*=value]')      # 查找所有 attr 属性值包含 "value" 的元素
```

## 活动实施

小张和他的团队使用 bs4 解析豆瓣读书 TOP250 网页数据并保存到字典中，代码如下：

```
import requests
from bs4 import BeautifulSoup

url = "https://book.douban.com/top250?start=0"
headers = {"User-Agent": "Mozilla/5.0 (Windows NT 10.0; WOW64)
AppleWebKit/537.36 (KHTML, like Gecko) Chrome/86.0.4240.198 Safari/537.36"}
res = requests.get(url, headers = headers)
soup = BeautifulSoup(res.text,"lxml")
tr_list = soup.find_all('table', attrs={'width': '100%'})
for t in tr_list:
    book = {}
    name = t.select('.pl2 a')[0]['title']
    book['书名'] = name
    author = t.select('.pl')[0].text.split('/')[0]
    book['作者'] = author
    publish = t.select('.pl')[0].text.split('/')[-3]
    book['出版社'] = publish
    publish_date = t.select('.pl')[0].text.split('/')[-2]
    book['出版时间'] = publish_date
    price = t.select('.pl')[0].text.split('/')[-1]
```

```
        book['价格'] = price
        score = t.select('.rating_nums')[0].text
        book['评分'] = score
        start_people = t.select('.pl')[1].text
        start_people = start_people.strip().replace(' ', '').replace
('人评价', '').replace('(\n', '').replace('\n)', '')
        book['评价人数'] = start_people
        comment = t.select('.inq')[0].text.replace('\n', '')
        book['评论'] = comment
        print(book)
```

运行程序，结果如下：

```
    {'书名': '红楼梦', '作者': '[清] 曹雪芹 著 ', '出版社': ' 人民文学出版社 ', '出版时间': ' 1996-12 ', '价格': ' 59.70元', '评分': '9.6', '评价人数': '424174', '评论': '都云作者痴，谁解其中味？'}
    {'书名': '活着', '作者': '余华 ', '出版社': ' 作家出版社 ', '出版时间': ' 2012-8 ', '价格': ' 20.00元', '评分': '9.4', '评价人数': '833848', '评论': '生的苦难与伟大'}
    {'书名': '1984', '作者': '[英] 乔治·奥威尔 ', '出版社': ' 北京十月文艺出版社 ', '出版时间': ' 2010-4-1 ', '价格': ' 28.00', '评分': '9.4', '评价人数': '284541', '评论': '栗树荫下，我出卖你，你出卖我'}
    {'书名': '哈利·波特', '作者': 'J.K.罗琳 (J.K.Rowling) ', '出版社': ' 人民文学出版社 ', '出版时间': ' 2008-12-1 ', '价格': ' 498.00元', '评分': '9.7', '评价人数': '107285', '评论': '从9¾站台开始的旅程'}
    {'书名': '三体全集', '作者': '刘慈欣 ', '出版社': ' 重庆出版社 ', '出版时间': ' 2012-1 ', '价格': ' 168.00元', '评分': '9.5', '评价人数': '187689', '评论': '地球往事三部曲'}
    {'书名': '百年孤独', '作者': '[哥伦比亚] 加西亚·马尔克斯 ', '出版社': ' 南海出版公司 ', '出版时间': ' 2011-6 ', '价格': ' 39.50元', '评分': '9.3', '评价人数': '425738', '评论': '魔幻现实主义文学代表作'}
    {'书名': '飘', '作者': '[美国] 玛格丽特·米切尔 ', '出版社': ' 译林出版社 ', '出版时间': ' 2000-9 ', '价格': ' 40.00元', '评分': '9.3', '评价人数': '212533', '评论': '革命时期的爱情，随风而逝'}
    {'书名': '动物农场', '作者': '[英] 乔治·奥威尔 ', '出版社': ' 上海译文出版社 ', '出版时间': ' 2007-3 ', '价格': ' 10.00元', '评分': '9.3', '评价人数': '160056', '评论': '太阳底下并无新事'}
    {'书名': '房思琪的初恋乐园', '作者': '林奕含 ', '出版社': ' 北京联合出版公司 ', '出版时间': ' 2018-2 ', '价格': ' 45.00元', '评分': '9.2', '评价人数': '379680', '评论': '向死而生的文学绝唱'}
    {'书名': '三国演义（全二册）', '作者': '[明] 罗贯中 ', '出版社': ' 人民文学出版社 ', '出版时间': ' 1998-05 ', '价格': ' 39.50元', '评分': '9.3', '评价人数': '168551', '评论': '是非成败转头空'}
```

```
{'书名': '福尔摩斯探案全集（上中下）', '作者': '[英] 阿·柯南道尔 ', '出版社': ' 1981-8 ', '出版时间': ' 53.00元', '价格': '68.00元', '评分': '9.3', '评价人数': '133640', '评论': '名侦探的代名词'}
{'书名': '白夜行', '作者': '[日] 东野圭吾 ', '出版社': ' 南海出版公司 ', '出版时间': ' 2013-1-1 ', '价格': ' 39.50元', '评分': '9.2', '评价人数': '475275', '评论': '一宗离奇命案牵出跨度近20年步步惊心的故事'}
{'书名': '小王子', '作者': '[法] 圣埃克苏佩里 ', '出版社': ' 人民文学出版社 ', '出版时间': ' 2003-8 ', '价格': ' 22.00元', '评分': '9.1', '评价人数': '756374', '评论': '献给长成了大人的孩子们'}
{'书名': '安徒生童话故事集', '作者': '（丹麦）安徒生 ', '出版社': ' 人民文学出版社 ', '出版时间': ' 1997-08 ', '价格': ' 25.00元', '评分': '9.3', '评价人数': '132773', '评论': '为了争取未来的一代'}
{'书名': '天龙八部', '作者': '金庸 ', '出版社': ' 生活·读书·新知三联书店 ', '出版时间': ' 1994-5 ', '价格': ' 96.00元', '评分': '9.2', '评价人数': '132981', '评论': '有情皆孽，无人不冤'}
{'书名': '呐喊', '作者': '鲁迅 ', '出版社': ' 人民文学出版社 ', '出版时间': ' 1973-3 ', '价格': ' 0.36元', '评分': '9.2', '评价人数': '160491', '评论': '新文学的第一声呐喊'}
{'书名': '撒哈拉的故事', '作者': '三毛 ', '出版社': ' 哈尔滨出版社 ', '出版时间': ' 2003-8 ', '价格': ' 15.80元', '评分': '9.2', '评价人数': '174980', '评论': '游荡的自由灵魂'}
Traceback (most recent call last):
  File "D:\python\项目8\pl.py", line 26, in <module>
    comment = t.select('.inq')[0].text.replace('\n', '')
              ~~~~~~~~~~~~~~~~~~^^^
IndexError: list index out of range
```

小张和他的团队通过程序运行结果发现，在网页的 25 本书中解析了前 17 本书的数据后出现了错误提示，这是为什么呢？

图 8-13　网页中图书的评论内容

**问题诊断：**对网页内容进行分析可以发现第 18 本书没有评论内容，如图 8-13 所示。那么，对应的网页结构中也就没有此标签，因此引发了列表索引超出范围问题。

**改进措施：**使用异常处理语句解决此问题，修改程序，代码如下。

```
import requests
from bs4 import BeautifulSoup

url = "https://book.douban.com/top250?start=0"
headers = {"User-Agent": "Mozilla/5.0 (Windows NT 10.0; WOW64) AppleWebKit/ 537.36 (KHTML, like Gecko) Chrome/86.0.4240.198 Safari/537.36"}
```

```
    res = requests.get(url, headers = headers)
    soup = BeautifulSoup(res.text,"lxml")
    tr_list = soup.find_all('table', attrs={'width': '100%'})
    for t in tr_list:
        book = {}
        name = t.select('.pl2 a')[0]['title']
        book['书名'] = name
        author = t.select('.pl')[0].text.split('/')[0]
        book['作者'] = author
        publish = t.select('.pl')[0].text.split('/')[-3]
        book['出版社'] = publish
        publish_date = t.select('.pl')[0].text.split('/')[-2]
        book['出版时间'] = publish_date
        price = t.select('.pl')[0].text.split('/')[-1]
        book['价格'] = price
        score = t.select('.rating_nums')[0].text
        book['评分'] = score
        start_people = t.select('.pl')[1].text
        start_people = start_people.strip().replace(' ', '').replace
('人评价', '').replace('(\n', '').replace('\n)', '')
        book['评价人数'] = start_people
        try:
            comment = t.select('p')[1].text.replace('\n', '')
            book['评论'] = comment
        except:
            pass
        print(book)
```

运行程序后获取了 25 本图书的数据。

**问题思考:**

小张和他的团队已经获取了 25 本图书的数据，而豆瓣读书 TOP250 网站有 250 本书，要如何获取呢？

**解决方案:**

小张和他的团队对豆瓣读书 TOP250 网站进行了分析：

① 豆瓣读书 TOP250 网站共有 250 本图书，每个网页中有 25 本图书，共有 10 个网页。

② 查看豆瓣读书 TOP250 网站的 10 个网页的网址，部分网址如图 8-14 所示。

第 1 页：https://book.douban.com/top250?start=0

第 2 页：https://book.douban.com/top250?start=25

第 3 页：https://book.douban.com/top250?start=50

图 8-14　豆瓣读书 TOP250 网站部分网址

通过图片可知这些网址是有规律的，因为可以使用循环结构来解决此问题。

小张和他的团队获取 250 本图书的数据的代码如下：

**小贴士:**

pass 是一种空操作（null operation）。解释器执行到它的时候，除了检查语法是否合法，什么也不做就直接跳过。

它跟 return、break、continue 和 yield 之类的非空操作相比，最大的区别是它不会改变程序的执行顺序。它就像我们写的注释，除了占用一行代码行，不会对所处的作用域产生任何影响。

**问题思考:**

为什么要有 pass 语句？

**问题解析:**

作为空间占位符。方便用户构思局部的代码结构，有一定的辅助提醒作用。（非必须）

为了程序结构完整性。为了支持纯粹空操作的代码块（空函数、空类、空的循环控制块等）。

```
    import requests
    from bs4 import BeautifulSoup

    headers = {"User-Agent": "Mozilla/5.0 (Windows NT 10.0; WOW64)
AppleWebKit/537.36 (KHTML, like Gecko) Chrome/86.0.4240.198 Safari/537.36"}
    books = []
    for i in range(10):
        url = F"https://book.douban.com/top250?start={i*25}"
        res = requests.get(url, headers = headers)
        soup = BeautifulSoup(res.text,"lxml")
        tr_list = soup.find_all('table', attrs={'width': '100%'})
        for t in tr_list:
            book = {}
            name = t.select('.pl2 a')[0]['title']
            book['书名'] = name
            author = t.select('.pl')[0].text.split('/')[0]
            book['作者'] = author
            publish = t.select('.pl')[0].text.split('/')[-3]
            book['出版社'] = publish
            publish_date = t.select('.pl')[0].text.split('/')[-2]
            book['出版时间'] = publish_date
            price = t.select('.pl')[0].text.split('/')[-1]
            book['价格'] = price
            score = t.select('.rating_nums')[0].text
            book['评分'] = score
            start_people = t.select('.pl')[1].text
            start_people = start_people.strip().replace(' ', '').replace
('人评价', '').replace('(\n', '').replace('\n)', '')
            book['评价人数'] = start_people
            try:
                comment = t.select('p')[1].text.replace('\n', '')
                book['评论'] = comment
            except:
                pass
            books.append(book)
    print(books)
    print(F"一共获取了{len(books)}本图书的数据")
```

运行程序，结果如下：

```
[{'书名': '红楼梦', '作者': '[清] 曹雪芹 著 ', '出版社': ' 人民文学出版社 ', '出版时间': ' 1996-12 ', '价格': ' 59.70元', '评分': '9.6', '评价人数': '424175', '评论': '都云作者痴，谁解其中味？'}, {'书名': '活着', '作者': '余华 ', '出版社': ' 作家出版社 ', '出版时间': ' 2012-8 ', '价格': ' 20.00元', '评分': '9.4', '评价人数': '833860', '评论': '生的苦难与伟大'}, …省略N行…{'书名': '包法利夫人', '作者': '福楼拜 ', '出版社': ' 人民文学出版社 ',
```

```
'出版时间': ' 2003-1-1 ', '价格': ' CNY 28.00', '评分': '9.1', '评价人数': '22682'}, {'书名': '总统是靠不住的', '作者': '林达 ', '出版社': ' 生活·读书·新知三联书店 ', '出版时间': ' 2004-08 ', '价格': ' 21.80', '评分': '8.8', '评价人数': '21122', '评论': '美国政治法律制度的基本原理和操作细节'}]
    一共获取了250本图书的数据
```

## 任务评价

请教师和学生填写表 8-5，对任务实施情况进行评价、反思并提出改进措施。

**表 8-5　职业能力评价、反思和改进**

<table>
<tr><td colspan="7">任务名称：</td></tr>
<tr><td>班级</td><td></td><td>小组</td><td></td><td>姓名</td><td>日期</td><td>年　月　日</td></tr>
<tr><td rowspan="9">职业能力评价</td><td colspan="3">能　力</td><td>自评</td><td>组内互评</td><td>教师评</td></tr>
<tr><td>自我管理能力（20 分）</td><td colspan="2">1. 出勤情况。<br>2. 遵守纪律情况。<br>3. 任务完成情况，有无提问记录。<br>4. 主动参与活动情况</td><td></td><td></td><td></td></tr>
<tr><td>合作交流能力（10 分）</td><td colspan="2">1. 能够使用文明礼貌用语，有效地沟通。<br>2. 能够与组员主动交流，积极合作</td><td></td><td></td><td></td></tr>
<tr><td>解决问题能力（10 分）</td><td colspan="2">1. 能够有效获取和使用信息资源。<br>2. 能够客观分析任务，发现并解决问题</td><td></td><td></td><td></td></tr>
<tr><td>任务创新能力（10 分）</td><td colspan="2">1. 能够提出有价值的观点和建议。<br>2. 能够举一反三，运用不同的方法完成任务</td><td></td><td></td><td></td></tr>
<tr><td>综合能力（50 分）</td><td colspan="2">1. 任务结果完整，并按要求命名和存放。<br>2. 能够很好理解任务的相关知识点，熟练完成任务操作。<br>3. 能有效地参与任务评价</td><td></td><td></td><td></td></tr>
<tr><td colspan="3">合 计 得 分</td><td></td><td></td><td></td></tr>
<tr><td colspan="3">总 评 得 分</td><td colspan="3"></td></tr>
<tr><td colspan="6">注：总评得分 = 自评合计得分 × 20% + 组内互评合计得分 × 20% + 教师评合计得分 × 60%</td></tr>
<tr><td rowspan="3">反思与改进</td><td colspan="6">1. 你认为本任务最有价值的内容是：</td></tr>
<tr><td colspan="6">2. 下列问题需要进一步了解或得到帮助：</td></tr>
<tr><td colspan="6">3. 为使学习更有效，你对本任务教学的建议是：</td></tr>
</table>

# 拓展任务　使用文件存储豆瓣读书 TOP250 网站数据

## 任务综述

使用文件存储豆瓣读书 TOP250 网站数据

视频内容：

①pandas。

②pandas 的数据结构。

③将 DataFrame 数据写入文件。

④使用 CSV 文件存储豆瓣读书 TOP250 网站解析后的数据。

⑤使用 Excel 文件存储豆瓣读书 TOP250 网站解析后的数据。

### 任务描述

小张和他的团队发现关闭 PyCharm 软件后爬取到的网站数据就没有了，要查看或使用相关数据还需要打开软件并再次运行程序，相当于程序又作了一次爬取和解析工作。此外，在对数据进行分析时，若将所有的数据全部写入程序中也会造成程序代码的臃肿及会降低程序的可用率。

### 任务分析

王经理建议他们可以采用文件存储的方式对数据进行持久化存储。

### 任务目标与重难点

| 任务目标 | 使用文件存储豆瓣读书 TOP250 网站数据 |
|---|---|
| 任务重点和难点 | 将 DataFrame 写入 CSV 文件和 Excel 表格中（重点） |
| | pandas 文件操作的常见方法（难点） |

### 活动准备

#### 1. pandas

pandas 是一个基于 NumPy 的数据分析模块，它包含一个快速高效、具有默认和自定义索引的 DataFrame 对象。Pandas 支持在不同文件格式中读取和写入数据。pandas 模块在使用之前需要安装并导入，具体代码如下：

```
import pandas as pd
```

#### 2. pandas 的数据结构

pandas 中有两个主要的数据结构：Series（1 维）和 DataFrame（2 维）。关于 Series 和 DataFrame 介绍如下：

（1）Series

Series 表示一维数据，类似于一维数组，能够保存任意类型的数据，比如整型、浮点型等。Series 由数据和与之相关的整数或标签（自定义）索引两部分组成，默认它会给每一项数据分配编号，编号的范围从 0 到 $N$−1（$N$ 为长度）。Series 结构示例如图 8-15 所示。

Series

| index | element |
|---|---|
| 0 | x |
| 1 | x |
| 2 | x |
| 3 | x |
| 4 | x |

图 8-15　Series 的结构示例

使用 Series() 函数可以直接创建 Series 对象，其语法格式如下：

```
pd.Series(data=None, index=None, dtype=None)
```

参数说明：

■ data：代表接收的数据，该参数可接收一维数组、列表、字典等。

■ index：代表自定义行标签索引，若该参数没有接收到数据，默认使用 0 ～ N 的整数索引。

■ dtype：代表数据类型。

下面分别创建带有整数索引和标签索引的 Series 对象。代码如下：

```
import pandas as pd
ser_one = pd.Series([24,56,77])        # 使用整数索引创建Series对象
ser_two = pd.Series([24,56,77],index=['a','b','c'])
                                       # 使用标签索引创建Series对象
print(ser_one)
print(ser_two)
```

运行程序，结果如下：

```
0     24
1     56
2     77
dtype: int64
a     24
b     56
c     77
dtype: int64
```

（2）DataFrame

DataFrame 类似于电子表格或数据库表，由行和列组成。DataFrame 也可以视为一组共享行索引的 Series 对象。DataFrame 结构示例如图 8-16 所示。

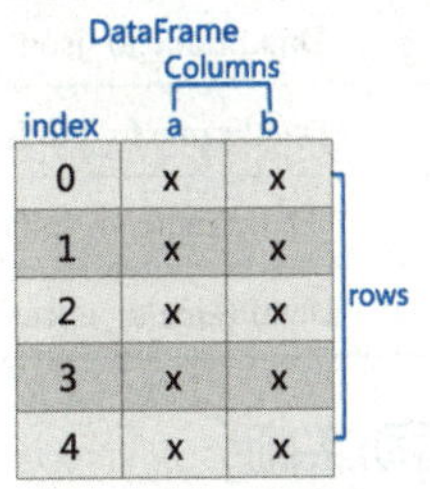


图 8-16　DataFrame 的结构示例

使用 DataFrame() 函数可直接创建 DataFrame 对象，其语法格式如下：

```
pd.DataFrame(data=None, index=None,
columns=None, dtype=None)
```

参数说明：

■ data：代表接收的数据，该参数可以是字典、二维数组、Series DataFrame 或其他可转换为 DataFrame 的对象等。

■ index：代表自定义的行标签索引，若该参数没有接收到数据，默认使用 0 ～ $N$ 的整数索引。

■ columns：代表自定义的列标签索引，若该参数没有接收到数据，默认使用 0 ～ $N$ 的整数索引。

■ dtype：代表数据类型。

下面分别创建带有整数索引和标签索引的 DataFrame 对象。代码如下：

```
import pandas as pd
```

```
import numpy as np
x = np.array([[24,56,77],[55,67,39]])
df_one = pd.DataFrame(x)
df_two = pd.DataFrame(x,columns=['a','b','c'])
print(df_one)
print(df_two)
```

运行程序，结果如下：

```
    0   1   2
0  24  56  77
1  55  67  39
    a   b   c
0  24  56  77
1  55  67  39
```

### 3. 将 DataFrame 数据写入文件

pandas 模块提供了一系列方法可将 DataFrame 数据写入不同格式的文件，见表 8-6。

表 8-6　将 DataFrame 数据写入文件

| 方　法 | 说　明 |
|---|---|
| DataFrame.to_csv() | 将 DataFrame 写入 CSV 文件中 |
| DataFrame.to_json() | 将 DataFrame 写入 JSON 文件中 |
| DataFrame.to_html() | 将 DataFrame 写入 HTML 文件中 |
| DataFrame.to_sql() | 将 DataFrame 写入数据库表中 |
| DataFrame.to_excel() | 将 DataFrame 写入 Excel 表格中 |

## 活动实施

小张和他的团队把豆瓣读书 TOP250 网站数据保存到 CSV 文件中，代码如下：

```
import pandas as pd

df = pd.DataFrame(books)
df.to_csv(r"D:\python\项目8\books.csv")
```

运行程序，在 D 盘 python 文件夹下的项目 8 文件夹里可以看到生成的 book.csv 文件，使用记事本文件打开该文件，部分内容如图 8-17 所示。

小张和他的团队把豆瓣读书 TOP250 网站数据保存到 Excel 文件中，代码如下：

```
import pandas as pd

df = pd.DataFrame(books)
df.to_excel(r"D:\python\项目8\books.xlsx")
```

```
books - 记事本
文件(F)  编辑(E)  格式(O)  查看(V)  帮助(H)
,书名,作者,出版社,出版时间,价格,评分,评价人数,评论
0,红楼梦,[清] 曹雪芹 著，人民文学出版社，1996-12，59.70元,9.6,424175,都云作者痴，谁解其中味?
1,活着,余华，作家出版社，2012-8，20.00元,9.4,833860,生的苦难与伟大
2,1984,[英] 乔治·奥威尔，北京十月文艺出版社，2010-4-1，28.00,9.4,284544,栗树荫下，我出卖你，你出卖我
3,哈利·波特,J.K.罗琳 (J.K.Rowling)，人民文学出版社，2008-12-1，498.00元,9.7,107287,从9¾站台开始的旅程
4,三体全集,刘慈欣，重庆出版社，2012-1，168.00元,9.5,187692,地球往事三部曲
5,百年孤独,[哥伦比亚] 加西亚·马尔克斯，南海出版公司，2011-6，39.50元,9.3,425740,魔幻现实主义文学代表作
6,飘,[美国] 玛格丽特·米切尔，译林出版社，2000-9，40.00元,9.3,212534,革命时期的爱情，随风而逝
7,动物农场,[英] 乔治·奥威尔，上海译文出版社，2007-3，10.00元,9.3,160057,太阳底下并无新事
8,房思琪的初恋乐园,林奕含，北京联合出版公司，2018-2，45.00元,9.2,379685,向死而生的文学绝唱
9,三国演义（全二册）,[明] 罗贯中，人民文学出版社，1998-05，39.50元,9.3,168553,是非成败转头空
10,福尔摩斯探案全集（上中下）,[英] 阿·柯南道尔，1981-8，53.00元,68.00元,9.3,133641,名侦探的代名词
11,白夜行,[日] 东野圭吾，南海出版公司，2013-1-1，39.50元,9.2,475282,一宗离奇命案牵出跨度近20年步步惊心的故事
12,小王子,[法] 圣埃克苏佩里，人民文学出版社，2003-8，22.00元,9.1,756382,献给长成了大人的孩子们
13,安徒生童话故事集,（丹麦）安徒生，人民文学出版社，1997-08，25.00元,9.3,132776,为了争取未来的一代
14,天龙八部,金庸，生活·读书·新知三联书店，1994-5，96.00元,9.2,132982,有情皆孽，无人不冤
15,呐喊,鲁迅，人民文学出版社，1973-3，0.36元,9.2,160492,新文学的第一声呐喊
16,撒哈拉的故事,三毛，哈尔滨出版社，2003-8，15.80元,9.2,174984,游荡的自由灵魂
17,悉达多,[德] 赫尔曼·黑塞，天津人民出版社，2017-1，32.00元,9.3,105243,
```

图 8-17　使用 CSV 文件保存豆瓣读书 TOP250 网站数据

运行程序，在 D 盘 python 文件夹下的项目 8 文件夹里可以看到生成的 book.xlsx 文件，打开该文件，部分内容如图 8-18 所示。

| | 书名 | 作者 | 出版社 | 出版时间 | 价格 | 评分 | 评价人数 | 评论 |
|---|---|---|---|---|---|---|---|---|
| 0 | 红楼梦 | [清] 曹雪芹 著 | 人民文学出版社 | 1996-12 | 59.70元 | 9.6 | 424175 | 都云作者痴，谁解其中味？ |
| 1 | 活着 | 余华 | 作家出版社 | 2012-8 | 20.00元 | 9.4 | 833860 | 生的苦难与伟大 |
| 2 | 1984 | [英] 乔治·奥威 | 北京十月文艺出版社 | 2010-4-1 | 28.00 | 9.4 | 284544 | 栗树荫下，我出卖你，你出卖我 |
| 3 | 哈利·波特 | J.K.罗琳 (J.K.I | 人民文学出版社 | 2008-12-1 | 498.00元 | 9.7 | 107287 | 从9¾站台开始的旅程 |
| 4 | 三体全集 | 刘慈欣 | 重庆出版社 | 2012-1 | 168.00元 | 9.5 | 187692 | 地球往事三部曲 |
| 5 | 百年孤独 | [哥伦比亚] 加西 | 南海出版公司 | 2011-6 | 39.50元 | 9.3 | 425740 | 魔幻现实主义文学代表作 |
| 6 | 飘 | [美国] 玛格丽特 | 译林出版社 | 2000-9 | 40.00元 | 9.3 | 212534 | 革命时期的爱情，随风而逝 |
| 7 | 动物农场 | [英] 乔治·奥威 | 上海译文出版社 | 2007-3 | 10.00元 | 9.3 | 160057 | 太阳底下并无新事 |
| 8 | 房思琪的初恋乐园 | 林奕含 | 北京联合出版公司 | 2018-2 | 45.00元 | 9.2 | 379685 | 向死而生的文学绝唱 |
| 9 | 三国演义（全二册 | [明] 罗贯中 | 人民文学出版社 | 1998-05 | 39.50元 | 9.3 | 168553 | 是非成败转头空 |
| 10 | 福尔摩斯探案全集 | [英] 阿·柯南道 | 1981-8 | 53.00元 | 68.00元 | 9.3 | 133641 | 名侦探的代名词 |
| 11 | 白夜行 | [日] 东野圭吾 | 南海出版公司 | 2013-1-1 | 39.50元 | 9.2 | 475283 | 一宗离奇命案牵出跨度近20年步步惊心的故事 |
| 12 | 小王子 | [法] 圣埃克苏佩 | 人民文学出版社 | 2003-8 | 22.00元 | 9.1 | 756382 | 献给长成了大人的孩子们 |
| 13 | 安徒生童话故事集 | （丹麦）安徒生 | 人民文学出版社 | 1997-08 | 25.00元 | 9.3 | 132776 | 为了争取未来的一代 |
| 14 | 天龙八部 | 金庸 | 生活·读书·新知三 | 1994-5 | 96.00元 | 9.2 | 132982 | 有情皆孽，无人不冤 |
| 15 | 呐喊 | 鲁迅 | 人民文学出版社 | 1973-3 | 0.36元 | 9.2 | 160492 | 新文学的第一声呐喊 |
| 16 | 撒哈拉的故事 | 三毛 | 哈尔滨出版社 | 2003-8 | 15.80元 | 9.2 | 174985 | 游荡的自由灵魂 |
| 17 | 悉达多 | [德] 赫尔曼·黑 | 天津人民出版社 | 2017-1 | 32.00元 | 9.3 | 105243 | |
| 18 | 邓小平时代 | 【美】傅高义（E | 生活·读书·新知三 | 2013-1-18 | 88.00元 | 9.3 | 70776 | 个人命运背后的历史变局 |
| 19 | 杀死一只知更鸟 | [美] 哈珀·李 | 译林出版社 | 2012-9 | 32.00元 | 9.2 | 146854 | 有一种东西不能遵循从众原则，那就是——人的良心 |
| 20 | 明朝那些事儿（1-9 | 当年明月 | 中国海关出版社 | 2009-4 | 358.20元 | 9.2 | 174942 | 不拘一格的历史书写 |

图 8-18　使用 Excel 文件保存豆瓣读书 TOP250 网站数据

小张和他的团队对爬取的数据进行检查，发现《福尔摩斯探案全集》的出版社和出版时间不正确。这是为什么呢?

**解决方案：**

对网页内容或网页结构进行分析，如图 8-19 所示。

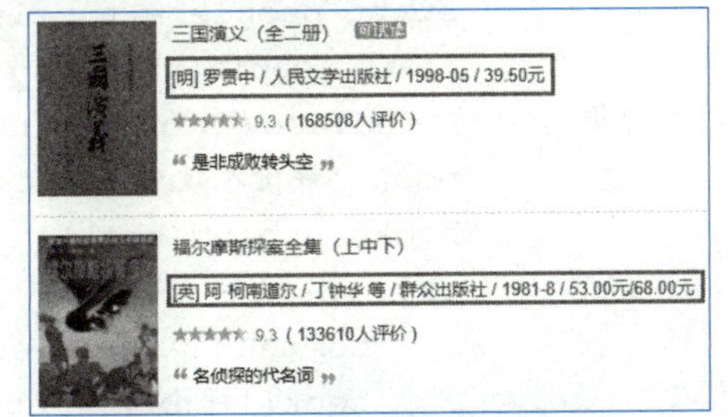


图 8-19　比较和分析网页内容

修改程序，代码如下：

```
    import requests
    from bs4 import BeautifulSoup
    import pandas as pd

    headers = {"User-Agent": "Mozilla/5.0 (Windows NT 10.0; WOW64)
AppleWebKit/537.36 (KHTML, like Gecko) Chrome/86.0.4240.198 Safari/537.36"}
    books = []
    for i in range(10):
```

```
        url = F"https://book.douban.com/top250?start={i*25}"
        res = requests.get(url, headers = headers)
        soup = BeautifulSoup(res.text,"lxml")
        tr_list = soup.find_all('table', attrs={'width': '100%'})
        for t in tr_list:
            book = {}
            name = t.select('.pl2 a')[0]['title']
            book['书名'] = name
            author = t.select('.pl')[0].text.split('/')[0]
            book['作者'] = author
            if len(t.select('.pl')[0].text.split('/')) == 6:
                publish = t.select('.pl')[0].text.split('/')[-4]
                book['出版社'] = publish
                publish_date = t.select('.pl')[0].text.split('/')[-3]
                book['出版时间'] = publish_date
                price = t.select('.pl')[0].text.split('/')[-2] + "/" +
t.select('.pl')[0].text.split('/')[-1]
                book['价格'] = price
            else:
                publish = t.select('.pl')[0].text.split('/')[-3]
                book['出版社'] = publish
                publish_date = t.select('.pl')[0].text.split('/')[-2]
                book['出版时间'] = publish_date
                price = t.select('.pl')[0].text.split('/')[-1]
                book['价格'] = price
            score = t.select('.rating_nums')[0].text
            book['评分'] = score
            start_people = t.select('.pl')[1].text
            start_people = start_people.strip().replace(' ', '').replace
('人评价', '').replace('(\n', '').replace('\n)', '')
            book['评价人数'] = start_people
            books.append(book)
            try:
                comment = t.select('p')[1].text.replace('\n', '')
                book['评论'] = comment
            except:
                pass
    print(books)
    print(F"一共获取了{len(books)}本图书的数据")

    df = pd.DataFrame(books)
    df.to_excel(r" D:\python\项目8\books.xlsx" )
```

运行程序，打开修改好的文件，部分内容如图 8-20 所示。

| | 书名 | 作者 | 出版社 | 出版时间 | 价格 | 评分 | 评价人数 | 评论 |
|---|---|---|---|---|---|---|---|---|
| 0 | 红楼梦 | [清] 曹雪芹 著 | 人民文学出版社 | 1996-12 | 59.70元 | 9.6 | 424175 | 都云作者痴，谁解其中味？ |
| 1 | 活着 | 余华 | 作家出版社 | 2012-8 | 20.00元 | 9.4 | 833860 | 生的苦难与伟大 |
| 2 | 1984 | [英] 乔治·奥威 | 北京十月文艺出版社 | 2010-4-1 | 28.00 | 9.4 | 284545 | 栗树荫下，我出卖你，你出卖我 |
| 3 | 哈利·波特 | J.K.罗琳 (J.K.I | 人民文学出版社 | 2008-12-1 | 498.00元 | 9.7 | 107289 | 从9¾站台开始的旅程 |
| 4 | 三体全集 | 刘慈欣 | 重庆出版社 | 2012-1 | 168.00元 | 9.5 | 187692 | 地球往事三部曲 |
| 5 | 百年孤独 | [哥伦比亚] 加西 | 南海出版公司 | 2011-6 | 39.50元 | 9.3 | 425741 | 魔幻现实主义文学代表作 |
| 6 | 飘 | [美国] 玛格丽特 | 译林出版社 | 2000-9 | 40.00元 | 9.3 | 212534 | 革命时期的爱情，随风而逝 |
| 7 | 动物农场 | [英] 乔治·奥威 | 上海译文出版社 | 2007-3 | 10.00元 | 9.3 | 160057 | 太阳底下并无新事 |
| 8 | 房思琪的初恋乐园 | 林奕含 | 北京联合出版公司 | 2018-2 | 45.00元 | 9.2 | 379685 | 向死而生的文学绝唱 |
| 9 | 三国演义（全二册 | [明] 罗贯中 | 人民文学出版社 | 1998-05 | 39.50元 | 9.3 | 168554 | 是非成败转头空 |
| 10 | 福尔摩斯探案全集 | [英] 阿·柯南道 | 群众出版社 | 1981-8 | 53.00元/68.00元 | 9.3 | 133641 | 名侦探的代名词 |
| 11 | 白夜行 | [日] 东野圭吾 | 南海出版公司 | 2013-1-1 | 39.50元 | 9.2 | 475283 | 一宗离奇命案牵出跨度近20年步步惊心的故事 |

图 8-20　修改好的文件

## 任务评价

请教师和学生填写表 8-7，对任务实施情况进行评价、反思并提出改进措施。

表 8-7　职业能力评价、反思和改进

| 任务名称： | | | | | | | |
|---|---|---|---|---|---|---|---|
| 班级 | | 小组 | | 姓名 | | 日期 | 年　月　日 |
| 职业能力评价 | 能　力 | | | | 自评 | 组内互评 | 教师评 |
| | 自我管理能力（20 分） | 1. 出勤情况。<br>2. 遵守纪律情况。<br>3. 任务完成情况，有无提问记录。<br>4. 主动参与活动情况 | | | | | |
| | 合作交流能力（10 分） | 1. 能够使用文明礼貌用语，有效地沟通。<br>2. 能够与组员主动交流，积极合作 | | | | | |
| | 解决问题能力（10 分） | 1. 能够有效获取和使用信息资源。<br>2. 能够客观分析任务，发现并解决问题 | | | | | |
| | 任务创新能力（10 分） | 1. 能够提出有价值的观点和建议。<br>2. 能够举一反三，运用不同的方法完成任务 | | | | | |
| | 综合能力（50 分） | 1. 任务结果完整，并按要求命名和存放。<br>2. 能够很好理解任务的相关知识点，熟练完成任务操作。<br>3. 能有效地参与任务评价 | | | | | |
| | 合计得分 | | | | | | |
| | 总评得分 | | | | | | |
| | 注：总评得分 = 自评合计得分 × 20% + 组内互评合计得分 × 20% + 教师评合计得分 × 60% | | | | | | |
| 反思与改进 | 1. 你认为本任务最有价值的内容是： | | | | | | |
| | 2. 下列问题需要进一步了解或得到帮助： | | | | | | |
| | 3. 为使学习更有效，你对本任务教学的建议是： | | | | | | |

知识点延伸：

WordCloud模块

PDF 文档内容：
① WordCloud。
② WordCloud 模块的使用。
③ WordCloud 模块中常用的参数及说明。

## 素养提升　合理使用网络爬虫，遵守法律法规

小张和他的团队在完成任务的同时也在不断反思爬虫使用的合理性。为此，他们查阅了大量关于网站爬取规则的资料，他们还通过词云将文档可视化，希望通过文档可视化的方式倡导大家合理使用网络爬虫，遵守法律法规。代码如下：

```
import requests
from bs4 import BeautifulSoup
import pandas as pd
import matplotlib.pyplot as plt
from wordcloud import WordCloud
import jieba

headers = {"User-Agent": "Mozilla/5.0 (Windows NT 10.0; WOW64) AppleWebKit/537.36 (KHTML, like Gecko) Chrome/86.0.4240.198 Safari/537.36"}
url = F"https://www.cac.gov.cn/2019-06/16/c_1124630015.htm?eqid=e9173fec00bb73c400000002647fd3bd"
res = requests.get(url, headers = headers)
soup = BeautifulSoup(res.text,"lxml")
tr_list = soup.find_all('div', attrs={'id': 'BodyLabel'})
texts = []
for i in tr_list:
    for j in range(11):
        text = i.select('p')[j+1].text
        texts.append(text)
df = pd.DataFrame(texts)
df.to_csv(r"D:\python\项目8\texts.csv",index=False,header=False)

# 打开文本
text = open(r"D:\python\项目8\texts.csv", encoding="utf-8").read()
# 中文分词
text = ' '.join(jieba.cut(text))    # 利用jieba进行分词形成列表，将列表里面的词用空格分开并拼成长字符串。
stopwords = set()
content = [line.strip() for line in open('停用词.txt',encoding="utf-8").readlines()]
stopwords.update(content)
print(text[:100])   # 打印前100个字符
# 生成对象
wc = WordCloud(font_path="simhei.ttf",stopwords = stopwords, width=800, height=600, mode="RGBA", background_color="white", max_words=200, colormap="magma").generate(text)
```

```
# 显示词云
plt.imshow(wc, interpolation="bilinear")
plt.axis("off")
plt.show()
# 保存到文件
wc.to_file(r" D:\python\项目8\wordcloud2.png")
```

文档可视化结果如图 8-21 所示。

图 8-21　使用词云对文档可视化

## 项目总结

本项目首先通过课前任务微视频讲解了网络爬虫产生的背景、什么是网络爬虫、网络爬虫的分类及网络爬虫爬取网页的流程，之后介绍了爬取、解析网页的过程及将数据存储成文件的方法等内容。通过本项目的学习，希望大家能熟练掌握爬取、解析网页的方法，并能使用文件存储数据。

## 巩固与应用

### 1. 单选题

① Response 是指（　　）。

A. 爬取　　B. 响应　　C. 采集　　D. 抽取

② HTTP 协议采取的是（　　）模型。该协议永远都是客户端发起请求，服务器回应响应。

A. 请求响应　　B. 应答　　C. 对等　　D. 都不是

**素养园地：**

合理使用网络爬虫，遵守法律法规。我们在使用 Python 爬虫技术时需要注意相关法律法规和道德规范，在用好网络资源的同时，不做违法的事情，更好地推动科技进步与社会发展。

请使用微信"扫一扫"
扫码进行课后小测

③ 网页请求的方式一般分为两种：GET 和（　　）。

A. HTTP　　B. WWW　　C. PULL　　D. POST

④ 任意打开一个网页，鼠标右键单击，从弹出的快捷菜单中选择（　　），即可查看到该网页结构的相应代码。

A. 运行　　B. 打开　　C. 执行　　D. 检查

⑤ 下面手段中，不用于突破反爬机制的是（　　）。

A. 禁止 cookies　　B. 修改日志等级

C. 使用 USER AGENT 池　　D. 使用代理 IP 中间件

⑥（　　）库是用于解析和处理 HTML。

A. scrapy　　B. PyQt5

C. BeautifulSoup4　　D. cocos2d

⑦ wordcloud 对象创建的常用参数 mask 的功能是（　　）。

A. 指定字体文件的完整路径

B. 生成图片的高度

C. 生成词云的形状，默认为长方形

D. 词云中最大的词数

⑧ wordcloud 对象创建的常用参数 stopwords 的功能是（　　）。

A. 字号之间的步长间隔值

B. 词语水平出现的频率

C. 设置屏蔽词，屏蔽词将不在词云中显示

D. 词云中最大的词数

⑨ wordcloud 类的 to_ file 方法的功能是（　　）。

A. to_ file (filename) 将词云图保存为名为 filename 的文件

B. to_ file (ilename) 在 filename 路径下生成词云

C. to_ file (ilename) 设置生成词云的字体为 filename

D. to_ file (filename) 设置生成词云的形状为 filename

⑩ 通过加入特定的（　　），可以将爬虫发出的请求伪装成浏览器。

A. Reuest　　B. opener　　C. Headers　　D. User_Agent

⑪ 下列解析技术中，用于解析 JSON 文档的是（　　）。

A. XPath　　B. JSONPath　　C. BeautifulSoup　D. 正则表达式

⑫ 下列 Python 库或模块中，支持正则表达式语法的是（　　）。

A. bs4　　B. lxml　　C. re　　D. json

⑬ 快捷键（　　）可以打开网页源代码。

A. 【Shift+A】　B. 【Shift+U】　C. 【Ctrl+A】　D. 【Ctrl+U】

⑭ 下列关于 BeautifulSoup 表述错误的是（　　）。

A. BeautifulSoup 支持 Python 标准库中的 HTML 解析器，也支持第三方解析器

B. BeautifulSoup 可将复杂 HTML 文档转换成树形结构

C. BeautifulSoup 唯一的搜索方法是 find_ all()

D. BeautifulSoup 有 Tag、NavigableString、BeautifulSoup 和 Comment 四种主要对象

⑮ 同样爬虫代码爬取 A 网站可以正常运行，但是访问 douban 等网站提示时，报了“418 错误”的原因是（　　）。

A. 浏览器崩溃　B. 服务器宕机　C. “反爬”机制　D. 我不知道

⑯ bs4 对象 soup 后，使用 soup.find_all(‘span’) 返回的是（　　）。

A. 第一个 span 标签

B. 所有的 span 标签，返回的是字典形式

C. 所有的 span 标签，返回的是列表形式

D. 第一个 span 标签中的内容

## 2. 多选题

① Python 支持一些解析网页的技术，包括（　　）技术。

A. 正则表达式　　B. BeautifulSoup

C. Xpath　　D. JsonPath

② BeautifulSoup4 简称 bs4，使用 bs4 库的一般流程是（　　）。

A. 创建一个 BeautifulSoup 类型的对象

B. 通过 BeautifulSoup 对象的操作方法进行解析与查找

C. 利用 DOM 树（网页文档）结构标签的特性，按照给定的规则进行详细的信息节点提取

③ 常见的应对“反爬”机制有（　　）。

A. 迅雷下载　B. U-A 伪装　C. 代理服务器　D. AI 识别验证码

## 3. 判断题

① 使用 requests 库访问网站，返回的状态码为 200 表示请求成功。（　　）

② 编写爬虫要充分考虑合法性问题，遵守爬虫协议又称为 robots 协议。（　　）

③ 获取网页数据时，get 请求与 post 请求没有什么区别。（　　）

④ BeautifulSoup 库中定义了很多搜索方法，其中常用的有 find() 方法和 find_all() 方法，还有 CSS 选择器筛选元素的 select() 方法。（　　）

⑤ BeautifulSoup 是函数库，方法多样，XPath 是一种技术，依赖于 lxml 库的支持。（　　）

⑥ lxml 解析器将文档转换成树形结构。（　　）

⑦ CSV（comma-separated values）文件是一类文件的简称，通常是用逗号分隔值（有时分隔符也可以不是逗号）的文件格式，其文件以纯文本的形式存储表格数据（数字和文本）。（　　）

## 4. 程序设计题

① 使用 requests 和 bs4 模块爬取豆瓣电影排行榜的电影名称和评分信息。

② 使用 requests 模块爬取诗词名句网的网页源代码，并使用 bs4 模块解析出《三国演义》书籍的文本数据，并将解析的数据存储到本地文件中。